植物
百科

阳台上常见的植物

植物百科编委会　编著

中国大百科全书出版社

图书在版编目（CIP）数据

植物百科．阳台上常见的植物 / 植物百科编委会编著．-- 北京：中国大百科全书出版社，2025．1．
ISBN 978-7-5202-1724-8

Ⅰ．Q94-49

中国国家版本馆 CIP 数据核字第 2025M9P584 号

总 策 划：刘 杭 郭继艳
策划编辑：张会芳
责任编辑：宋 娴
责任校对：邵桄炜
责任印制：王亚青
出版发行：中国大百科全书出版社有限公司
地　　　址：北京市西城区阜成门北大街 17 号
邮政编码：100037
电　　　话：010-88390811
网　　　址：http://www.ecph.com.cn
印　　　刷：唐山富达印务有限公司
开　　　本：710mm×1000mm　1/16
印　　　张：10
字　　　数：100 千字
版　　　次：2025 年 1 月第 1 版
印　　　次：2025 年 1 月第 1 次印刷
书　　　号：ISBN 978-7-5202-1724-8
定　　　价：48.00 元

总　序

这是一套面向大众、根植于《中国大百科全书》第三版（以下简称百科三版）的百科通俗读物。

百科全书是概要记述人类一切门类知识或某一门类知识的完备的工具书。它的主要作用是供人们随时查检需要的知识和事实资料，还具有扩大读者知识视野和帮助人们系统求知的教育作用，常被誉为"没有围墙的大学"。简而言之，它是回答问题的书，是扩展知识的书。

中国大百科全书出版社从 1978 年起，陆续编纂出版了《中国大百科全书》第一版、第二版和第三版。这是我国科学文化建设的一项重要基础性、标志性、创新性工程，是在百年未有之大变局和中华民族伟大复兴全局的大背景下，提升我国文化软实力、提高中华文化国际影响力的一项重要举措，具有重大的现实意义和深远的历史意义。

百科三版的编纂工作经国务院立项，得到国家各有关部门、全国科学文化研究机构、学术团体、高等院校的大力支持，专家、学者 5 万余人参与编纂，代表了各学科最高的专业水平。专家、作者和编辑人员殚精竭虑，按照习近平总书记的要求，努力将百科三版建设成有中国特色、有国际影响力的权威知识宝库。截至 2023 年底，百科三版通过网站（www.zgbk.com）发布了 50 余万个网络版条目，并陆续出版了一批纸质版学科卷百科全书，将中国的百科全书事业推向了一个新的高度。

重文修武，耕读传家，是我们中国人悠久的文化传承。作为出版人，我们以传播科学文化知识为己任，希望通过出版更多优秀的出版物来落实总书记的要求——推动文化繁荣、建设中华民族现代文明，努力建设中国式现代化强国。

为了更好地向大众普及科学文化知识，我们从《中国大百科全书》第三版中选取一些条目，通过"人居环境""科学通识""地球知识""工艺美术""动物百科""植物百科""渔猎文明""交通百科"等主题结集成册，精心策划了这套大众版图书。其中每一个主题包含不同数量的分册，不仅保持条目的科学性、知识性、准确性、严谨性，而且具备趣味性、可读性，语言风格和内容深度上更适合非专业读者，希望读者在领略丰富多彩的各领域知识之时，也能了解到书中展示的科学的知识体系。

衷心希望广大读者喜爱这套丛书，并敬请对书中不足之处给予批评指正！

《中国大百科全书》编辑部

"植物百科"丛书序

　　全世界已知约 30 万种植物，它们的个体大小、寿命差异很大，从肉眼看不见的单细胞绿藻，到海洋中的巨藻和陆地上庞大的、寿过几千年的"世界爷"——北美红杉，都属于植物。植物与人类的关系极为密切，它们是地球上的初级生产者，是其他生物直接或间接的食物来源和氧气的制造者，在维持物质循环、生态系统相对平衡和生物多样性上具有极其重要的作用。

　　植物有多种分类方式。根据植物分类学，可将植物分为藻类植物、苔藓植物、石松类植物、蕨类植物、裸子植物和被子植物。日常生活中，常根据植物的生长环境或者用途等进行分类。如按照生活环境（生境）和生活方式，植物可分为陆生植物和水生植物；根据是否有人为干预，分为栽培植物和野生（野外）植物。其中，栽培植物最初是野生植物，经过人工培育后，具有一定生产价值或经济性状，遗传性稳定，能满足人类的需求。按照人工栽培环境，植物可分为大田植物、阳台植物、庭院植物、公园里的植物等。根据植物生长的地理分区，还可分为南方植物和北方植物。由于植物是自养型生物，一般无须运动，因而植物常是固定在某一环境中，并终生与环境相互影响。但植物在某个环境的常见为相对常见，并非绝对，如某一植物是庭院植物，也是阳台常见的植物，某些南方植物也可能出现在北方的温室中。

　　为便于读者全面地了解各类植物，编委会依托《中国大百科全书》

第三版生物学、渔业、植物保护学、林业、园艺学、草业科学等学科内容，精心策划了"植物百科"丛书，选择相对常见的植物类型及种类，编为《餐桌上常见的植物》《阳台上常见的植物》《庭院里常见的植物》《公园里常见的植物》《北方野外常见的植物》《南方常见的植物》《常见的水生植物》等分册，图文并茂地介绍了各类植物。

希望这套丛书能够让读者更多地了解和认识各类植物，引起读者对植物的关注和兴趣，起到传播科学知识的作用。

植物百科丛书编委会

目 录

第 **1** 章　花木　1

龙舌兰科 1

龙血树 1

柏科 2

罗汉松 2

杜鹃花科 3

杜鹃花 3

锦葵科 7

马拉巴栗 7

木樨科 8

茉莉 8

茜草科 8

栀子 8

蔷薇科 9

玫瑰 9

梅 10

月季 13

山茶科 15

山茶花 15

紫茉莉科 15

三角梅 15

棕榈科 16

棕竹 16

禾本科 17

佛肚竹 17

桑科 19

菩提树 19

第 **2** 章　花卉　21

天门冬科 21

富贵竹 21

文竹 22

吊兰 23

百合科 23

　　大百合 23

　　观赏百合 24

　　葡萄风信子 25

　　花贝母 26

　　嘉兰 27

　　铃兰 28

　　玉簪 28

　　郁金香 29

　　库拉索芦荟 30

葱科 32

　　大花葱 32

美人蕉科 33

　　美人蕉 33

阿福花科 34

　　萱草 34

龙胆科 35

　　洋桔梗 35

　　龙胆花 36

天冬门科 37

　　蜘蛛抱蛋 37

　　龙舌兰 38

报春花科 39

　　报春花 39

　　点地梅 41

　　仙客来 42

风信子科 43

　　风信子 43

凤仙花科 44

　　凤仙花 44

鹤望兰科 45

　　鹤望兰 45

堇菜科 47

　　角堇 47

景天科 48

　　长寿花 48

　　佛甲草 50

　　景天 51

桔梗科 52

　　桔梗 52

菊科 53

　　菊花 53

百日草 55

非洲菊 56

瓜叶菊 58

蛇目菊 59

矢车菊 60

松果菊 61

一枝黄花 62

木茼蒿 63

木兰科 64

木莲 64

兰科 65

兰花 65

春剑 67

大花蕙兰 67

兜兰 68

独蒜兰 69

寒兰 71

蝴蝶兰 73

虎头兰 74

蕙兰 75

卡特兰 77

莲瓣兰 78

杓兰 79

石斛 81

万代兰 82

文心兰 83

蓼科 84

塔黄 84

马鞭草科 85

柳叶马鞭草 85

秋海棠科 87

球根秋海棠 87

四季秋海棠 88

十字花科 89

二月兰 89

紫罗兰 90

石蒜科 91

百子莲 91

君子兰 93

石蒜 94

水仙 96

网球花 97

石竹科 98

满天星 98

香石竹 98

鼠李科 100

含羞草 100

罂粟科 101

虞美人 101

荷包牡丹 102

绿绒蒿 103

天南星科 104

安祖花 104

广东万年青 105

海芋 106

绿萝 108

马蹄莲 109

仙人掌科 110

金琥 110

昙花 111

仙人掌 112

蟹爪兰 113

玄参科 114

金鱼草 114

夏堇 115

鸢尾科 117

扁竹兰 117

唐菖蒲 118

小苍兰 120

第 3 章 蔬菜 123

百合科 123

葱 123

蒜 124

韭菜 126

茄科 128

辣椒 128

藜科 131

菠菜 131

菊科 133

茼蒿 133

十字花科 134

白菜 134

第 **4** 章　果树　139

蔷薇科 139

树莓 139

樱桃 142

桑科 143

无花果 143

桃金娘科 145

石榴 145

第1章 花木

龙舌兰科

龙血树

龙血树是龙舌兰科龙血树属乔木状或灌木状植物。

龙血树属全属约 40 种，分布于亚洲和非洲的热带与亚热带地区。中国有 5 种，产于南部。

龙血树茎多为木质，有髓和次生形成层，常具分枝。叶剑形、倒披针形或其他形状，有时较坚硬，常聚生于茎或枝的顶端或最上部，无柄或有柄，基部抱茎，中脉明显或不明显。总状花序、圆锥花序或头状花序生于茎或枝顶端；花被圆筒状、钟状或漏斗状；花被片 6，不同程度地合生；花梗有关节；雄蕊 6，花丝着生于裂片基部，下部贴生于花被筒，花药背着，常呈丁字状，内向开裂；子房 3 室，

龙血树

每室 1～2 枚胚珠；花柱丝状，柱头头状，3 裂。浆果近球形，具 1～3 颗种子。

龙血树属植物的繁殖方法有播种、扦插、压条和组织培养等。该属植物有耐阴种类，如富贵竹；也有喜全日照环境的种类，如剑叶龙血树。宜栽种在 pH 为 5.5～6 的酸性土壤中，最适生长温度为 18～35℃，不耐寒，0℃时会出现冻害，有一定的耐旱能力。

龙血树属植物茎干挺拔，叶片披散丛生于植株上半部，富有热带风情，是优良的观叶树种，常用于室内盆栽或热带地区园林栽培。较常见的园艺种类有巴西铁树、富贵竹、龙血树。该属部分植物还具备极高的药用价值，如非洲龙血树、剑叶龙血树等可作为血竭的药源植物。

柏　科

罗汉松

罗汉松是罗汉松科罗汉松属常绿乔木。又称罗汉杉。

罗汉松产于中国江苏、浙江、福建、安徽、江西、湖南、四川、云南、贵州、广西、广东等地，日本也有分布。世界各地热带及温带地区广泛栽种。

罗汉松高达 20 米，叶为线状披针形，长 7～10 厘米，宽 7～10 毫米，全缘，有明显中肋，螺旋互生。初夏开花，亦分雌雄，雄花圆柱形，3～5 个簇生在叶腋；雌花单生在叶腋。种托大于种子，种托成熟呈红紫色，种子为红色浆果。

罗汉松常见变种有短叶罗汉松、狭叶罗汉松、柱冠罗汉松。①短叶罗汉松。小乔木或呈灌木状，枝条向上斜展。叶短而密生，长 2.5 ～ 7 厘米，宽 3 ～ 7 毫米，先端钝或圆。原产于日本，中国江苏、浙江、福建、江西、湖南、湖北、陕西、四川、云南、贵州、广西、广东等地均有栽培，作庭园树。②狭叶罗汉松。该变种与罗汉松的区别在于叶较狭，通常长 5 ～ 9 厘米，宽 3 ～ 6 毫米，先端渐窄成长尖头，基部楔形。产于中国四川、贵州、江西，广东、江苏也有栽培，作庭园树。③柱冠罗汉松。该变种与罗汉松的区别在于树冠圆柱形。叶小，矩圆状倒披针形或倒披针形，长 1.3 ～ 3.5 厘米，宽 1 ～ 4 毫米，先端钝或圆，基部楔形。产于中国浙江。

罗汉松属于中性偏阴性树种，能接受较强光照，也能在较阴的环境下生长；喜温暖湿润的气候，较耐寒。主要采用播种、扦插繁殖。

罗汉松神韵清雅挺拔，自带一股雄浑苍劲的傲人气势，有长寿、守财、吉祥寓意，是庭院和高档住宅的优良绿化树种，南方寺庙也多有种植。树形古雅，叶形独特、优雅，种子与种柄组合奇特，也是制作盆景、造型树的优良材料。木材材质细致均匀，易加工，供建筑、药用和雕刻，可作家具、器具、文具及农具等，价值很高。

杜鹃花科

杜鹃花

杜鹃花是杜鹃花科杜鹃属植物的统称。

◆ 种质资源

全球共描述记录杜鹃花约 1000 种。中国约有 600 种，是世界上杜鹃花种类最多的国家。杜鹃花在中国分布广泛，除新疆和宁夏外，其他省份均有分布。中国西南地区是该属植物多样化中心，约有 410 种。在系统分类上，可分为 8 个亚属，即马银花亚属、纯白杜鹃亚属、常绿杜鹃亚属、异蕊杜鹃亚属、羊踯躅亚属、杜鹃亚属、叶状苞亚属、映山红亚属，其中以常绿杜鹃亚属、羊踯躅亚属、映山红亚属等最为普遍；从栽培应用上，常分为高山杜鹃（常绿杜鹃）和普通杜鹃（落叶杜鹃）两大类，其中普通杜鹃又分为春鹃、夏鹃、西鹃、东鹃。

◆ 分类

栽培的杜鹃花园艺品种都是由映山红原种通过杂交或芽变不断选育出来的后代，世界上已有园艺品种近万个。中国江西、安徽、贵州以杜鹃花为省花，广东的珠海市、韶关市，福建的三明市，江苏的无锡市，湖南的长沙市，云南的大理市，江西的九江市、井冈山市，辽宁的丹东市，台湾的新竹市，浙江的嘉兴市和安徽的巢湖市等将其定为市花。中国从 20 世纪 20 ～ 30 年代开始从日本、欧美等国引进园艺品种进行栽培，通过杂交培育出一些新品种，如复色仿西鹃、笑二乔、重瓣紫萼杜鹃、宝玉、春潮、红阳等新品种。园艺品种根据形态、性状、亲本和来源可分为四大品系，即春鹃品系、夏鹃品系、西鹃品系、东鹃品系。

春鹃品系

春鹃品系即通常所说的"毛鹃"，花期 4 ～ 5 月。高 2 ～ 3 米，生长健壮，适应力强，较耐寒，耐高温，不耐积水。幼枝密被褐色刚毛，叶具粗糙毛。花大，单瓣，宽漏斗状，少有重瓣，花色有红、紫、粉、白及复色等。

夏鹃品系

夏鹃品系原产于印度和日本，一般在 5～6 月开花。株型矮壮，高约 1 米，枝叶纤细，分枝稠密，树冠丰满、整齐。叶片狭小，排列紧密。花冠阔漏斗状，花径 6～8 厘米，花色、花瓣同西鹃品系一样丰富。

夏鹃代表性品种太湖之春

西鹃品系

西鹃品系又称西洋杜鹃、比利时杜鹃。花色、花形最丰富。株型矮壮，树冠紧密，叶片厚实，深绿少毛，叶有光叶、尖叶、扭叶、长叶与阔叶之分。花色多样，有单色、镶边、点红、亮斑等。多为重瓣，少有单瓣，花瓣狭长、圆阔、平直、后翻、波浪、皱边、卷边等。花径 6～8 厘米，也有超过 10 厘米的。习性娇嫩，怕晒怕冻。已育出大量杂交新品种。

东鹃品系

东鹃品系引自日本，又称东洋鹃。高 1～2 米，分枝散乱，叶薄色淡，毛少有光亮，花朵繁密，花径 2～4 厘米，最大的 6 厘米，花色丰富，单瓣或由花萼瓣化而成套筒瓣，少有重瓣。

◆ **形态特征**

杜鹃花为灌木或乔木，有时矮小呈垫状，地生或附生；植株无毛或被各式毛被或被鳞片。叶常绿或落叶、半落叶，互生，全缘，稀有不明显的小齿。花芽被多数形态大小有变异的芽鳞。花显著，形小至大，通常排列成伞形总状或短总状花序，稀单花，通常顶生，少有腋生。花萼5～6（～8）裂或环状无明显裂片，宿存。花冠漏斗状、钟状、管状或高脚碟状，整齐或略两侧对称，5～6（～8）裂，裂片在芽内覆瓦状。雄蕊5～10，通常10，稀15～20（～27），着生花冠基部，花药无附属物，顶孔开裂或为略微偏斜的孔裂。花盘多少增厚而显著，5～10（～14）裂。子房通常5室，少有6～20室，花柱细长劲直或粗短而弯弓状，宿存。蒴果自顶部向下室间开裂，果瓣木质，少有质薄者开裂后果瓣多少扭曲。种子多数，细小，纺锤形，具膜质薄翅，或种子两端有明显或不明显的鳍状翅，或无翅但两端具狭长或尾状附属物。

◆ **用途**

杜鹃花是国际著名花卉，也是中国传统十大名花之一，被誉为"花中西施"。花叶兼美，地栽、盆栽皆宜。在国际上杜鹃花也有着重要地位，英国甚至有"无鹃不成园"的说法。杜鹃花色泽艳丽，姿态优美，应用观赏价值极高，不仅可用作绿篱、地被、花境等常规园林绿化形式，也可作专类园和主题花展的布置，同时还是非常优良的盆栽花卉。另外，许多种类如髯花杜鹃、迎红杜鹃、羊踯躅等还广泛应用于医药、食品和化工等许多领域。

锦葵科

马拉巴栗

马拉巴栗是锦葵科木棉亚科瓜栗属常绿乔木。又称光瓜栗、发财树。

马拉巴栗原产于南美巴西。本种特指市场上作为室内观叶植物的发财树、光瓜栗。市场上的发财树常被误认为是水瓜栗。两者的区别是：后者花丝呈红色，而本种花丝为白色。

马拉巴栗株高 6 ～ 10 米，主干直立，枝条轮生。掌状复叶，小叶 5 ～ 11 枚，小叶长椭圆形，长 9 ～ 20 厘米，宽 2 ～ 7 厘米，全缘，深绿色，具较长的叶柄。花绿白色，花丝白色。果实卵圆形，种子可食。

马拉巴栗

马拉巴栗喜高温湿润和阳光充足的环境，不耐寒，耐干旱和半阴，生长适温为 20 ～ 30℃，冬季温度不宜低于 10℃。以肥沃、疏松和排水良好的沙质壤土为宜。常用扦插和播种方式繁殖。盆栽栽培要控制浇水量，生长期要注意施肥。

马拉巴栗树形美观，树皮青翠，茎干优美，叶片翠绿，在中国台湾、广东等地有露地栽培。在其他地区可作为一种优良的室内观叶植物。

木樨科

茉　莉

茉莉是木樨科素馨属常绿灌木。茉莉原产于印度,中国广泛引种栽培。

茉莉高 0.5 ～ 3 米，小枝纤细，有棱角。单叶对生，薄纸质，圆形、椭圆形或宽卵形，长 3 ～ 8 厘米，先端急尖或钝圆，基部圆形，全缘。聚伞花序，通常有花 3 至多朵，花萼裂片线形，花冠白色，浓香。果球形，径约 1 厘米，紫黑色。花期 5 ～ 8 月。

茉莉花

茉莉喜光，稍耐阴，在夏季高温潮湿、光照强的条件下开花最佳，否则花小而少。喜温暖气候，不耐寒，最适合生长温度 25 ～ 35℃。不耐旱，忌水涝。喜肥，宜在疏松、肥沃的土壤中生长。用扦插、压条、分株法繁殖均可。

茉莉枝叶茂密，叶色碧绿，花色清雅而香味纯正，观赏价值高。在中国华南、西南地区可露地栽培，作树丛、树群的下木，也可作花篱植于路旁。长江流域及其以北地区则盆栽观赏。其花也可用于制茶。

茜草科

栀　子

栀子是茜草科栀子属常绿灌木。又称栀子花、黄栀子。

栀子主要分布在中国贵州、四川、江苏、浙江、安徽、江西、广东、云南、福建、台湾、湖南、湖北等地。

栀子高 0.3 ～ 3 米。嫩枝常被短毛，枝圆柱形，灰色。叶对生，革质，稀为纸质，少为 3 枚轮生，叶形多样。花芳香，通常单朵生于枝顶，花梗长 3 ～ 5 毫米。浆果卵形，黄色或橙色，有翅状纵棱 5 ～ 9 条，顶部宿存萼片。花期 5 ～ 7 月，果期 5 月至翌年 2 月。有重瓣的变种大花栀子。

栀子花

栀子可采用扦插、压条、分株或播种繁殖。喜光照充足且通风良好的环境，但忌强光暴晒。宜用疏松肥沃、排水良好的酸性土壤种植。

栀子枝叶繁茂，叶色四季常绿，花芳香，是重要的庭院观赏植物和优良的芳香花卉。除观赏外，其花、果实、叶和根可入药，有泻火除烦、清热利尿、凉血解毒之功效。此外，花可作茶之香料，果实可作绘画的涂料。

蔷薇科

玫 瑰

玫瑰是蔷薇科蔷薇属落叶灌木。

玫瑰原产于中国，分布中心在辽宁东南部沿海地区，各地均有栽培。

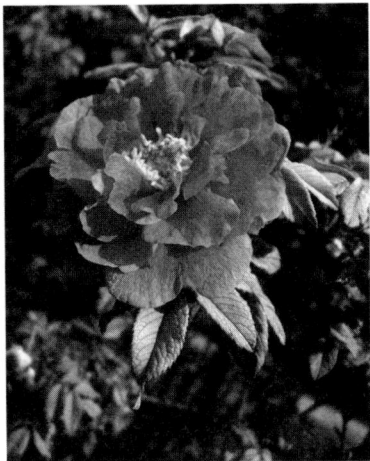

玫瑰花

日本、朝鲜也有分布。玫瑰是现代月季育种的重要种质资源。

玫瑰植株直立，高 2 米，枝上密生针刺，皮刺较少却大。小叶 5～9，叶脉凹陷，叶片皱，无光泽，叶边缘有尖锐锯齿。花有白、粉、红等色，单瓣、半重瓣或重瓣，花甜香。果扁球形，砖红色。花期 5～6 月，果熟期 8～9 月。

玫瑰喜光、耐寒、耐旱、耐盐碱，分蘖力强。一般用扦插、分株、播种方式繁殖。变种和变型有红玫瑰、白玫瑰、重瓣紫玫瑰、重瓣白玫瑰等。玫瑰是蔷薇属中抗性、适应性最强的物种之一，全世界已有许多杂交种、品种用于栽培生产。其叶面脉纹下陷的形态特征是显性遗传，容易识别。

玫瑰最宜作花篱、花境、花坛及坡地栽植观赏之用。玫瑰芳香馥郁，自古以来一直是制作香精、香水等的原料。花蕾可茶用，花瓣糖渍后可制糕饼。玫瑰是中国佛山、承德、银川、佳木斯、沈阳、拉萨、乌鲁木齐、奎屯等城市的市花。

梅

梅是蔷薇科李属落叶乔木。又称春梅、干枝梅、红绿梅。古名柟、枏。梅古字作"槑"，原字为木上有果的象形。花可观赏，果可食用（常称果梅）。

◆ 历史

梅作为观赏植物在中国已有 2000 年以上的栽培历史，作为果树则有 3000 年以上的栽培和 7000 年以上的加工应用历史。古代种植梅树以收获果梅开始，《尚书·说命》中有"若作和羹，尔惟盐梅"的记载，可知古人用果梅做调味品等。在商代中叶已采果梅食用。梅作为观赏植物栽培源于汉初，初盛于南北朝，兴盛于宋、元。宋代范成大著《梅谱》（1186）为世界第一部梅花专著。710～784 年，梅首次传至日本。1878 年输入欧洲。1908 年有 15 个观赏梅品种由日本传到美国。20 世纪，日本、朝鲜半岛等地艺梅仍较盛，欧美栽培甚少。约自 20 世纪 70 年代起，梅花开始在新西兰等少数国家作为鲜切花而受到重视。

◆ 分布

梅为中国特产的传统名花、名果。中国台湾、浙江、安徽、江西、江苏、福建、广东、广西、湖南、湖北、四川、云南、西藏、贵州、陕西等地均有野生，且以四川、云南、西藏为其分布中心。在中国，梅露地栽培于东至台湾台北，西起云南丽江，南达海南海口，北抵黑龙江大庆、新疆喀什等广大地区，其中台北、武汉、南京、无锡、杭州、青岛等城市为著名的赏梅胜地。

◆ 形态特征

梅树高可达 10 米，最大冠幅约 12 米。树冠常呈不规则球形或倒卵形。干皮褐紫色，老干苍劲可观，小枝常为绿色且无毛。叶广卵形至卵形，边缘具细锐锯齿，先端长渐尖至尾尖。花先叶而放，1～2 朵，多着生于一二年生枝上。核果近球形，侧面略扁，黄色或绿色，密被短柔毛，果肉黏核，梅核（内果皮）表面具蜂窝状小凹点。种子 1 粒。

◆ **品种分类**

梅的变种与变型甚多，梅花或果梅都有很多品种。观赏梅的品种至今已逾 480 个，中国花卉专家陈俊愉按照"二元分类法"将观赏梅的品种分为 3 系 5 类 16 型：①真梅系。梅之嫡系。花、果、枝、叶均较典型，又分直枝梅类、垂枝梅类和龙游梅类，共 3 类 12 型。②杏梅系。梅与杏的种间杂种，种性介乎两者之间，而枝、叶较似杏，花形也类杏，花托肿大，花期甚晚，单瓣至重瓣，无香味或微香，抗寒性较强。该系下只有杏梅类，又分为单杏型、丰后型和送春型。③樱李梅系。梅花与紫叶李的种间杂种，种性介乎两者之间，而枝、叶较似紫叶李，花形也类紫叶李，花梗长，花中心颜色较深，花期最晚，复瓣至重瓣，无香味，抗寒性较强。该系下只有樱李梅类美人梅型。

◆ **栽培繁殖**

梅喜温暖稍潮湿气候，要求阳光充足、排水良好的条件。较耐寒、耐旱和耐瘠薄，对土壤要求不严，但以疏松深厚肥沃的微酸性土壤最佳。性畏涝。实生苗一般 2～4 年始花，7～8 年花、果渐盛。嫁接苗、扦插苗则一二年即始花。树龄可达数百年甚至千年以上。以嫁接繁殖为主，扦插、压条次之，播种仅在培养砧木或育种时应用。主要为害害虫有天牛类、梅毛虫、杏球蚧、刺蛾等，主要病害有白粉病、炭疽病等。多用杀虫剂、杀菌剂防治。

◆ **文化价值及用途**

梅的树姿苍劲传神，花形端雅，花色丰富而动人，花香沁人肺腑，可谓神、姿、形、色、香俱美，为中国传统名花中的佼佼者。梅花傲雪迎霜的意象正是梅花的风骨，代表着中华民族传统的坚韧不拔和坚贞勇敢的精神。梅与松、竹相配称"岁寒三友"，梅、兰、竹、菊合称"四君子"。宜植于庭院、草坪、低山、居住区及风景区等处，孤植、丛栽或大片群植形成梅林、梅岭均可。梅花也适于盆栽或作盆景，且是插瓶等花卉装饰的好材料。果实味酸而爽口，可加工食用，还可入药。梅树木材坚韧，也是雕刻及制作算盘珠的良材。

月　季

月季是蔷薇科蔷薇属落叶灌木或藤本植物。又称现代月季。

月季是通过蔷薇属内种间杂交和长期选育而形成的杂交品种群。蔷薇属全世界约 200 种。中国有 95 种，是世界蔷薇属的分布中心，具有悠久的栽培历史。中国是月季花（月月红）、香水月季、巨花蔷薇、野蔷薇、玫瑰、光叶蔷薇及其变种的故乡。这些种质是月季的重要亲本资源。

汉武帝时宫廷花园中就盛栽蔷薇植物。月季花于北宋始见记载，并出现很多形色各异的品种，至明代栽培则更为普遍，品种

月季

更多。清代时，中国月季、蔷薇类型与品种数量之多已居世界前列。18世纪末至19世纪初，中国月季、蔷薇的多种珍贵品种传入欧洲，经反复杂交，在1867年育成第一个杂种香水月季品种，并创造了现代月季的一个新系统，其优点主要是花大丰满、四季开花、重瓣、花色丰富、具芳香等。这一系统至今仍是现代月季的主体，名优品种很多。之后又培育出聚花月季、壮花月季等多个现代月季新系统。

月季茎有皮刺，叶为奇数羽状复叶，小叶常3～9片。花单生或几朵集生成伞房花序或复伞房花序，单瓣、半重瓣或重瓣，花直径从小到大，花色丰富多样，有些品种具有香味。花瓣形状丰富，花形多样，具多季开花性。花托老熟即变为肉质的浆果状假果，称为蔷薇果，果内包含有多数瘦果。

月季喜阳光，喜肥，较耐旱，最忌积水，宜栽于背风向阳且空气流通的环境。较耐寒，能忍受 -15 ～ -10℃的低温，最适生长温度为15 ～ 25℃。喜富含有机质、通气良好、pH 为 6.5 ～ 6.8 的微酸性土壤。生长期的相对湿度以 75% ～ 80% 为宜。常用扦插或嫁接繁殖，培育新品种时用播种繁殖。

月季在园艺应用方面分为藤本月季、大花庭园月季、丰花月季等。月季形姿俱佳，四季开花不绝，花色丰富，花香浓郁，可种植于花坛、花境或草坪边缘，或作常绿树的前景，也常按类型、品种布置成月季园。攀缘月季可作棚架、篱笆、拱门、墙垣的装饰材料。盆栽月季及切花月季可用于室内装饰等。此外，月季花可入药，有些品种的花可食用、茶用，还可提取香精。

山茶科

山茶花

山茶花是山茶科山茶属灌木或小乔木。

山茶花主要分布在中国浙江、江西、四川、重庆及山东。日本、朝鲜半岛也有分布。

山茶花高 9 米。嫩枝无毛。叶革质，椭圆形，先端略尖，基部阔楔形，上面深绿色，干后发亮，无毛，下面浅绿色。花顶生，红色，无柄；苞片及萼片约 10 片，花瓣 6 ～ 7 片，外侧 2 片近圆形。蒴果圆球形，直径 2.5 ～ 3 厘米，2 ～ 3 室，每室有种子 1 ～ 2 个，3 片裂开，果片厚木质。花期 1 ～ 4 月。

山茶花常采用扦插、嫁接、压条、播种和组织培养等方法繁殖，以扦插为主。喜温暖、湿润和半阴环境，怕高温，忌烈日。

山茶花在中国各地广泛栽培，栽培历史悠久，为中国十大名花之一。园艺品种繁多，花大多数为红色或淡红色，亦有白色，单瓣或重瓣。花有止血功效。种子榨油，供工业用。

紫茉莉科

三角梅

三角梅是紫茉莉科叶子花属藤状灌木。又称叶子花、宝巾、三角花、筋杜鹃等。

三角梅原产于巴西，主要分布于中国、巴西、秘鲁、阿根廷、日本、赞比亚等国家。全世界有 18 种，栽培种和杂交种在 300 种以上。中国引种栽培的有光叶子花和叶子花两种及其他杂交种。

三角梅的花朵十分娇小，很不起眼，为吸引传粉者，它的苞片显著增大，三片叶状苞片如花瓣一样排列在整个花朵外围，并有醒目的色彩，因此称为叶子花。花期一般在 10 ～ 12 月。喜温暖、湿润的气候，属强阳性花卉，在阳光充足的环境中花量多。对土壤要求不高，在稍偏酸性或稍偏碱性土壤上均可正常生长，栽培土质以肥沃的壤土或沙质壤土为好。开花前 3 个月对植株周围的土壤进行深翻，切断部分根系，控制植株生长，对促进早花、多花效果明显。

三角梅

三角梅终年常绿，花色丰富，品种繁多，花期长，枝多叶茂，耐修剪。常用于工厂、庭院、主干道、绿岛、公园等地的绿化；或种植于围墙及建筑物阳光充足的墙面，让其沿墙攀缘；或盆栽；或在草坪上孤植或三五成丛种植，修剪成各种造型，是一种应用广泛的园林绿化植物。

棕榈科

棕 竹

棕竹是棕榈科棕竹属丛生灌木。又称筋头竹、棕榈竹。

棕竹主要分布于东南亚和中国南部至西南部，日本亦有分布。生长在山坡、沟旁荫蔽潮湿的灌木丛中。

棕竹高 2～3 米。茎干直立圆柱形，有节，直径 1.5～3 厘米，茎纤细如手指，不分枝，有叶节，上部被叶鞘，但分解成稍松散的马尾状淡黑色粗糙且硬的网状纤维。叶集生茎顶，掌状深裂，裂片 4～10 片，不均等，具 2～5 条肋脉，长 20～32 厘米或更长，宽 1.5～5 厘米，宽线形或线状椭圆形，先端宽，截状而具多对稍深裂的小裂片，边缘及肋脉上具稍锐利的锯齿，横小脉多而明显。肉穗花序腋生，长约 30 厘米，花小，淡黄色，极多，单性，雌雄异株。果实球状倒卵形，直径 8～10 毫米。种子球形，胚位于种脊对面近基部。花期 4～5 月，果期 10～12 月。

棕竹可用播种和分株繁殖，家庭种植多以分株繁殖为主。喜温暖湿润及通风良好的半阴环境，不耐积水，极耐阴，畏烈日，稍耐寒，可耐 0℃ 左右低温。株型小，生长缓慢，要求疏松肥沃的酸性土壤，不耐瘠薄和盐碱，要求较高的土壤湿度和空气温度。

棕竹树形优美，可作庭园绿化观赏植物。

禾本科

佛肚竹

佛肚竹是被子植物单子叶植物禾本目禾本科簕竹属的一种。因节间显著膨大，状如佛肚而得名。

佛肚竹仅分布于中国广东，现引种栽培于中国南方各地，以及马来西亚和美洲地区。

佛肚竹为多年生丛生竹，灌木或乔木状，地下茎合轴型。竿直立，在竿下部分枝上具有小枝短缩而成的软刺；箨鞘（笋壳）为厚革质，早落；竿二型：正常竿高 8～10 米，直径 3～5 厘米，节间圆柱形，无毛，基部第 1～2 节有时具短气根；畸形竿节间短缩而肿胀呈瓶状，似佛肚。竿在节上生 1～3 分枝；枝生叶具叶鞘，无毛；叶耳边缘具数条波曲缝毛；叶片线状披针形至披针形，长 9～18 厘米，宽 1～2 厘米，下表面密生短柔毛。花序生于小枝顶端或叶腋，其假小穗单生或以数枚簇生于花枝各节，稍扁，长 3～4 厘米；小穗含两性小花 6～8 朵，仅中部 2～3 朵可育；小穗轴顶端膨大呈杯状；花基部的外稃无毛，卵状椭圆形，长 9～11 毫米，具 19～21 脉，脉间具小横脉；内稃与外稃近等长，具 2 脊，顶端具一小簇白色柔毛；鳞被（退化花被）3，长约 2 毫米；雄蕊花丝细长，花药黄色，长 6 毫米；雌蕊 3 心皮合生，子房具柄，顶端被毛，花柱极短，柱头 3 裂，羽毛状。颖果。

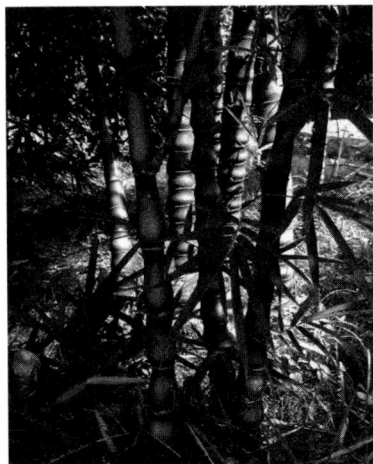

佛肚竹

佛肚竹常施以人工截顶，形成畸形植株以供观赏，在地上种植时则形成高大竹丛，畸形植株不明显。佛肚竹观赏价值较高，露地及盆栽皆适宜。

桑　科

菩提树

菩提树是桑科榕属大乔木。又称思维树。

菩提树在中国广东（沿海岛屿）、广西、云南（北至景东，海拔400～630米）多有栽培。日本、马来西亚、泰国、越南、不丹、尼泊尔、巴基斯坦及印度也有分布。

◆ 形态特征

菩提树幼时附生于其他树上，树高15～25米，胸径30～50厘米。树皮灰色，平滑或微具纵纹；冠幅广展。小枝灰褐色，幼时被微柔毛。叶革质，三角状卵形，长9～17厘米，宽8～12厘米，表面深绿色，光亮，背面绿色，先端骤尖，顶部延伸为尾状，尾尖长2～5厘米，基部宽截形至浅心形，全缘或波状，基生叶脉三出，侧脉5～7对。叶柄纤细，有关节，与叶片等长或长于叶片；托叶小，卵形，先端急尖。隐头花序，雌雄同株，雄花、雌花、瘿花同生于肉质花序托（榕果）内壁；雄花少，生于近口部，无柄，花被2～3裂，内卷，雄蕊1枚，花丝短；瘿花，为榕小蜂寄生，具柄，花被3～4裂，子房光滑，球形，花柱短，柱头膨大，2裂；雌花无柄，花被片4，宽披针形，子房光滑，球形。花柱纤细，柱头狭窄。榕果球形至扁球形，直径1～1.5厘米，成熟时红色，光滑；基生苞片3枚，卵圆形；总梗长4～9毫米。花期3～4月，果期5～6月。

◆ 生长习性

菩提树多采用种子或插条繁殖。喜光、喜高温高湿，25℃时生长迅速，越冬时气温要求在 12℃左右，不耐霜冻；抗污染能力强，对土壤要求不严，但以肥沃、疏松的微酸性沙壤土为好。菩提树幼林在热带地区（水分充足的地区）生长迅速。

◆ 用途

菩提树具有很好的绿化价值、经济价值和药用价值。菩提树对二氧化硫、氯气抗性中等，对氢氟酸抗性强，宜作污染区的绿化树种；同时，它分枝扩展、树形高大、枝繁叶茂、优雅可观，是优良的观赏树种，宜作庭院行道的绿化树种。菩提树枝干上流出的乳状液汁可提制硬性橡胶，枝叶可作象、牛等牲畜的饲料。菩提树木材心、边材区别不明显，为散孔材，纹理交错，结构中，重量轻，干缩小，强度低，油漆后不光亮，容易胶黏，适宜作砧板、包装箱板和纤维板原料。菩提树是治疗哮喘、糖尿病、腹泻、癫痫、胃部疾病等的传统中医药。另外，菩提树的花供药用，可发汗镇痉，有解热之效。

菩提树根状茎粗 1.5 ～ 2.5 厘米。叶 3 ～ 6 枚，厚纸质，矩圆形、披针形或倒披针形，绿色，纵脉明显浮凸；鞘叶披针形，长 5 ～ 12 厘米。花葶短于叶，长 2.5 ～ 4 厘米；穗状花序长 3 ～ 4 厘米，宽 1.2 ～ 1.7 厘米；具几十朵密集的花；花被长 4 ～ 5 毫米，宽 6 毫米，淡黄色，裂片厚。浆果直径约 8 毫米，熟时红色。花期 5 ～ 6 月，果期 9 ～ 11 月。

菩提树在各地常作盆栽供观赏。全株有清热解毒、散瘀止痛之效。

第2章
花卉

天门冬科

富贵竹

富贵竹是天门冬科龙血树属常绿小乔木。

富贵竹原产于加那利群岛及非洲和亚洲的热带地区。20 世纪 80 年代后期大量引进中国。

富贵竹茎干粗壮、直立，植株细长，上部有分枝。根状茎横走，结节状。叶互生或近对生，纸质，叶长披针形，似竹叶，有明显的 3 ～ 7 条主脉，具短柄，叶片浓绿色。叶长 13 ～ 23 厘米，宽 1.8 ～ 3.2 厘米，边缘白色或黄白色，叶柄长 7.5 ～ 10.0 厘米。伞形花序有花 3 ～ 10 朵，生于叶腋处或与上部叶对生，花被片 6，花冠钟状，紫色。浆果近球形，黑色。株高可达 2 米。

富贵竹

富贵竹性喜阴湿、高温，耐涝，耐肥力强，抗寒力强。适宜生长于排水良好的沙质土、半泥沙及冲积层黏土中。对光照要求不严，适宜在明亮散射光下生长。引种中国后常用作室内观赏花卉，具有较好的寓意。

文　竹

文竹是天门冬科天门冬属攀缘植物。又称云片松、刺天冬、云竹等。

文竹原产于非洲南部和东部。该属全球约有 300 种，除美洲外，全世界温带至热带地区都有分布。中国有 24 种和一些外来栽培种分布于全国各地。

文竹高可达 3 ～ 6 米。根稍肉质，细长。茎的分枝很多，分枝近平滑。浆果直径 6 ～ 7 毫米，熟时紫黑色，有 1 ～ 3 颗种子。

文竹性喜温暖湿润和半阴通风的环境，冬季不耐严寒，不耐干旱，夏季忌阳光直射。文竹通常采用分株繁殖，也可播种繁殖。分株繁殖最好的季节是春季。将文竹从花盆中取出，将新生的植株剥离，分别栽种到盆中，即可获得新的植株。

文竹

文竹是具有很高观赏价值的植物，体态轻盈，姿态潇洒，文雅娴静，可放置于客厅、书房，增添书香气息。

吊 兰

吊兰是天门冬科吊兰属多年生草本植物。

吊兰原产于南非，中国各地均有栽培。常见的栽培变种有金心吊兰、银边吊兰、金边吊兰等。

吊兰具根状茎，茎短，具簇生的圆柱形肉质须根。叶条形至条状披针形，基部抱茎，较坚硬。花葶从叶腋抽出，弯垂，花后变成匍匐枝，顶部萌发出带气生根的新植株。总状花序单一或分枝，花白色。花期春、夏间，冬天室内如温度适宜也可开花。

吊兰喜温暖、半阴和空气湿润的环境。适宜疏松、肥沃的沙质壤土。夏季忌强光直射。在温度15～25℃时生长迅速，冬季不低于5℃能安全越冬。通常分株繁殖。换盆时，可将过密的根状茎劈开栽植，也可随时剪取花葶带气生根的幼枝直接栽于基质中。冬天应放入室内，并注意保温。春天可移出室外，置于半阴处，夏、秋季要避强光直射。

吊兰是最常见的室内盆栽观叶植物，宜置于架上或吊盆内供人观赏。

百合科

大百合

大百合是百合科大百合属多年生草本球根花卉。

大百合属共有3个种，分布于中国和日本。中国的2个种为大百合和荞麦叶大百合，产于秦岭以南各省。日本大百合是日本特有种。虽然全球在大百合资源分布、引种栽培、繁殖方法及利用价值等方面已经有

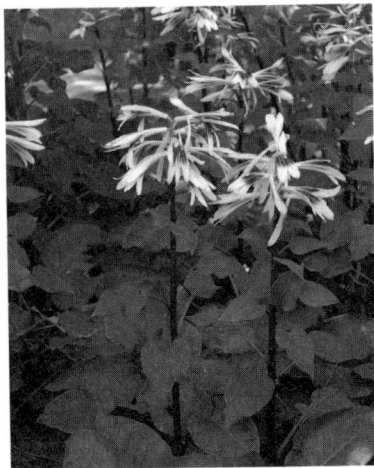

大百合

过研究，但该类植物总体上仍主要处于野生状态，尚未开发。

大百合基生叶的叶柄基部膨大形成鳞茎，但在花序长出后即凋萎。小鳞茎数个，卵形，具纤维质的鳞茎皮，无鳞片。茎高大，无毛。叶基生和茎生，通常卵状心形，向上渐小，叶脉网状，具叶柄。花序总状，有花 3 ～ 16 朵；花狭喇叭形，白色，具紫色条纹；花被片 6，离生，多少靠合，条状倒披针形，有芳香。蒴果，种子多数，扁平，红棕色，周围有窄翅。花期 5 ～ 7 月，果期 9 ～ 10 月。

大百合属植物以分球繁殖为主。性喜湿润冷凉、有一定遮阴的环境。适宜富含有机质、排水性好的土壤。有一定耐寒性，不耐强光直射。

大百合具有很高的观赏价值和食用价值。因其植株高大、花大优美且有芳香，在欧洲有"百合王子"的美誉。在庭院绿化中，大百合叶片油亮且硕大，颜色丰富，耐密植，未抽生花葶时宜作林下地被；花茎粗壮挺立，是难得的竖线条材料。冬季地上部分枯萎后，其花茎持续挺立，蒴果宿存在花茎顶端，可以在冬季形成独特景观或制作干花。兼有食用和药用功能，鳞茎和嫩叶可食用，果可入药。

观赏百合

观赏百合是百合科百合属所有用于观赏的植物的总称。

百合属全世界约 80 种，分布于北温带。常见的百合品种群有东方百合、亚洲百合、麝香百合和铁炮百合。这些品种群中只有亚洲百合没有花香，其他品种群都具有花香；其中东方百合最香，

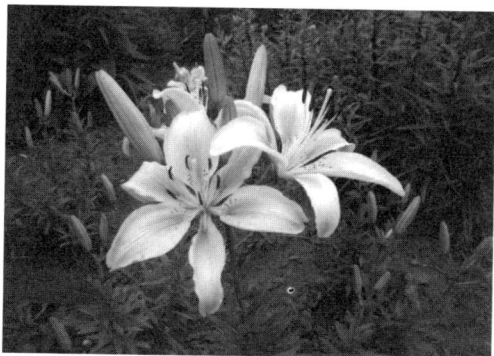

亚洲百合

麝香百合和铁炮百合香味相对东方百合较弱。此外，还有这些品种群间的品种群，包括 LA 品种群、OT 品种群、LO 品种群和 OA 品种群。

百合为多年生草本植物，是地下部分变态为鳞茎的球根花卉。叶散生或轮生。花单生，总状花序、伞形花序或伞房花序。花色有红、粉、白、黄等，香气有或无。花被片 2 轮或多轮。离生，花冠形态为喇叭形、钟形，花被片平展、强烈反卷，基部有蜜腺。雄蕊 6，子房圆柱形，柱头 3 裂。蒴果矩圆形，室背开裂。种子扁平、有翅，多数。

百合是重要的鲜切花和盆花，在园林中也广泛栽培。

葡萄风信子

葡萄风信子是百合科葡萄风信子属植物的总称。又称蓝瓶花、蓝壶花、串铃花、葡萄百合、葡萄麝香。

葡萄风信子属有 40 ～ 50 种，主要分布在地中海及亚洲西南部，中国无野生种分布。

葡萄风信子植株矮小。叶线状披针形，丛生，长 10 ～ 30 厘米，

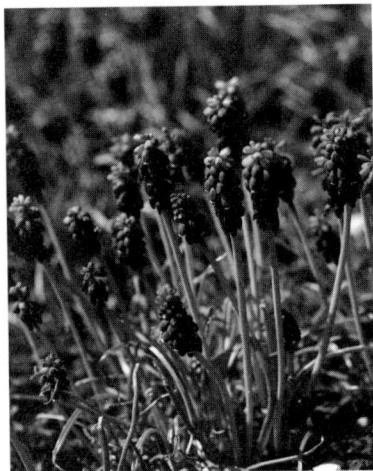
葡萄风信子

宽约 1.5 厘米。穗状花序，1～3 枝自叶丛中抽出，直立圆筒状。花茎高 10～30 厘米，着花 20～40 朵。花色有蓝色、蓝紫色、白色、淡蓝色、淡粉色和黄色。自然花期 3 月中旬至 4 月上旬，群体开花时间可达 20～30 天。

葡萄风信子花朵小巧可爱，花色独特艳丽，花期早、开花时间较长，常用作疏林下的地面覆盖，或用于花境或草坪成片、成带与镶边种植，也可于岩石园中作点缀丛植。家庭花卉盆栽或作为切花亦有良好的观赏效果。

花贝母

花贝母是百合科贝母属多年生球根花卉。又称皇冠贝母。花贝母原产于喜马拉雅山区及伊朗。

花贝母

花贝母株高 1 米以上。茎具紫色斑点。叶丛生、轮状，下部叶披针形，上部叶卵形。腋生伞形花序，花大、下垂，紫色或橙红色，花基部深褐色，具白色大型蜜腺。鳞茎大、黄色，具有浓臭味。花期 4～5 月。

花贝母栽培品种众多，有各色及重瓣类型，常用于花境、自然丛植、切花等。

嘉　兰

嘉兰是百合科嘉兰属攀缘植物。又称变色花。

嘉兰产于云南，也分布于亚洲热带地区和非洲。生于海拔950～1250米的林下或灌丛中。

嘉兰根状茎块状、肉质，常分叉，粗约1厘米。茎长2～3米或更长。叶通常互生，有时兼有对生的，披针形，长7～13厘米，先端尾状并延伸成很长的卷须（最下部的叶例外），基部有短柄。

嘉兰花

花美丽，单生于上部叶腋或叶腋附近，有时在枝的末端近伞房状排列；花梗长可达10～15厘米；花被片条状披针形，反折，由于花俯垂而向上举，基部收狭而多少呈柄状，边缘皱波状，上半部亮红色，下半部黄色。花期7～8月。

嘉兰喜温暖、湿润气候，适宜富含有机质，排水、通气良好，保水力强的肥沃土壤，在密林及潮湿草丛中生长良好。

温暖的南方可以露地栽种嘉兰，北方多作盆栽，用于布置庭院、阳台、居室等处。也可将花朵制作胸花或者搭配其他花卉做成花束。

铃 兰

铃兰是百合科铃兰属多年生草本植物。又称君影草、山谷百合、风铃草。

铃兰原产于北半球温带。中国东北、华北地区，亚洲的朝鲜、日本，以及欧洲、北美洲均有野生分布。

铃兰植株矮小，全株无毛，地下有多分枝而匍匐平展的根状茎，具光泽。呈鞘状互相抱着，基部有数枚鞘状的膜质鳞片。叶椭圆形或卵状披针形；花钟状，下垂；总状花序；苞片披针形，膜质；花柱比花被短。入秋结圆球形暗红色浆果，有毒，内有椭圆形种子。种子扁平。花果期5～7月。

铃兰全草可入药。有强心、利尿之功效。

玉 簪

玉簪是百合科玉簪属多年生宿根植物。又称白萼、白鹤仙。玉簪原产于中国及日本。

玉簪叶基生，成簇，卵状心形、卵形或卵圆形。花葶高40～80厘米，具几朵至十几朵花；花单生或2～3朵簇生，长10～13厘米，白色，芳香。蒴果圆柱状，有三棱。花果期8～10月。

玉簪多采用分株繁殖，亦可播种。玉簪属于典型的阴性植物，喜阴湿环境，受强光照射则叶片变黄，生长不良，喜肥沃、湿润的沙壤土，性极耐寒，中国大部分地区均能在露地越冬，地上部分经霜后枯萎，翌春宿萌发新芽。生长适宜温度为15～25℃，冬季温度不低于5℃。入冬后地上部枯萎，休眠芽露地越冬。

玉簪可用于树下作地被植物，或植于岩石园或建筑物北侧，也可在林缘、石头旁、水边种植，具有较高的观赏效果，常用于湿地及水岸边绿化。

郁金香

郁金香是百合科郁金香属多年生宿根花卉。

郁金香属有 150 多个种，产于亚洲、欧洲及北非，以地中海至中亚地区最为丰富。中国有 18 个种（包含 1 个变种），主要分布于新疆、长江流域及中国东北地区。郁金香原产于欧洲，中国引种栽培。土耳其最早栽培郁金香，16 世纪引种到荷兰后经不断的杂交与选育，19 世纪培育出达尔文品系，20 世纪相继培育出孟德尔品系和凯旋品系，之后通过原种杂交又培育出达尔文杂种系。因栽培历史悠久，郁金香的栽培品种已超过 8000 个，常用品种有 200 多个。

郁金香鳞茎皮纸质，内面顶端和基部有少数伏毛。叶 3～5 枚，条状披针形至卵状披针形。花单朵顶生，大型而艳丽，花期 4～5 月。现代郁金香是经过近百年的人工杂交获得的杂种，在花期、花色、花形和株型上变化很大，如花期有早花类、中花类、晚花类，花色有白、红、黄、紫、粉、橙等，花形有碗形、杯形、重瓣形、

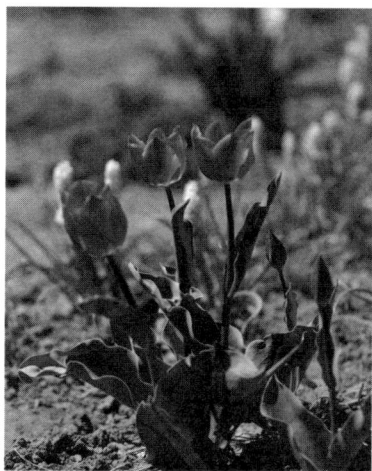

郁金香

百合形、鹦鹉形等。

郁金香以分球繁殖为主，更新鳞茎由母球鳞片基部的腋芽形成。性喜阳或半阴，忌光照直射，适合生长于冬季温暖湿润、夏季干燥凉爽的地区。有较强的适应性，在高寒地区冻土、微酸性沙质壤土以及滨海地区含盐量较低的盐碱土中都能生长。病害主要有青霉腐烂病、基腐病和软腐病；为害害虫主要有蚜虫和线虫。

郁金香绚丽多姿，高贵典雅，是最具观赏应用价值的宿根花卉之一，被誉为"花卉王国中的皇后"。在园林绿化中常大面积种植形成花海，也常配植于花坛、花境中，还常作为切花、盆花观赏。

库拉索芦荟

库拉索芦荟是百合科芦荟属一种多年生草本植物。以其叶液浓缩干燥物药用，药材名芦荟，习称"老芦荟"。又称巴巴芦荟、巴巴多斯芦荟、奴会、油葱等。

库拉索芦荟原产于非洲，中美洲库拉索和巴巴多斯广泛分布。世界各地和温室常见栽培。

◆ 形态特征

库拉索芦荟茎较短。叶近簇生或稍二列（幼株），肥厚多汁，条状披针形，粉绿色，边缘生刺状小齿。花葶不分枝或有时稍分枝；总状花序具几十朵花；雄蕊与花被近等长或略长，花柱明显伸出花被外。

◆ 生长习性

库拉索芦荟喜光，忌暴晒，散射光为宜；耐阴，忌过于荫蔽。喜温暖、耐高温、不耐寒，0℃时寒害，-1℃时冻害。喜湿润，忌积水；耐旱，忌过旱。2年生以上可开花，一般不结实。对土壤要求不严，但忌在重黏性土上栽培。

◆ 繁殖方法

库拉索芦荟可采用分蘖苗进行分株繁殖。取出幼苗，伤口愈合后栽植，浇水，适当遮阴。

◆ 栽培管理

库拉索芦荟栽培管理技术要点有：①选地与整地。以疏松肥沃、排水良好的沙质壤土为宜。施足基肥，耕深35厘米，整地起畦，高20～30厘米，宽1～2米，留排水沟。②田间管理。搭荫棚，荫蔽度50%～60%，忌阳光直照。勤除杂草、松土和培土。2个月追肥1次，以复合肥为主。适当浇水，忌积水。③病虫害防治。病虫害很少。可发生褐斑病、软腐病等。

◆ 采收加工

采收库拉索芦荟下部叶片。割破叶基部一侧，顺切口旋拉取下叶片。主要加工成两种产品：①芦荟粉。粉碎叶片，过滤，浓缩，灭菌，冷冻干燥，粉碎即可。②芦荟凝胶。去皮，漂烫、杀菌，得无色透明至乳白色凝胶。

◆ 药用价值

药材芦荟味苦，性寒。归肝、胃、

库拉索芦荟

大肠经。具泻下通便、清肝泻火、杀虫疗疳功效。用于治疗热结便秘、惊痫抽搐、小儿疳积，外治癣疮等。含芦荟苷等蒽醌类化合物，用于伤口愈合、杀菌抗炎、抗肿瘤、美容等。日用化工品、食品饮料等均有利用。

2015版《中华人民共和国药典》同时收载同属植物好望角芦荟或及其近缘植物作为芦荟的基原植物，其药材习称"新芦荟"。

葱　科

大花葱

大花葱是具有观赏价值且花朵硕大的葱属多年生球根花卉。又称硕葱。

大花葱原本属百合科植物，2003年修订的《被子植物APG II分类法》将百子莲科和石蒜科合并到葱科中，《被子植物APG III分类法》（2009年）则将其并入石蒜科中，一些原来属于葱属的种被合并到紫灯花科中。

葱属植物有500～850种，中亚为其分布中心，世界各国园林中多有种植。荷兰为主要鳞茎出口国。

大花葱

大花葱鳞茎肉质，具葱味，花朵硕大。中国科学院植物研究所北京植物园1979年曾从荷兰引种鳞茎，中国多地均有栽培。表现较好的种类主要有大花葱、阁下、勃朗峰、角斗士、球王、珠峰、大使、露西球等。

大花葱通常采用鳞茎繁殖，亦可播种繁殖，种子低温发芽较好。

美人蕉科

美人蕉

美人蕉是美人蕉科美人蕉属多年生草本植物。

美人蕉主要分布于美洲热带、亚洲热带和非洲。美人蕉属有 51 种，园艺栽培的美人蕉多为杂交种及混杂群体，主要亲本种除美人蕉外，还有黄花美人蕉、鸢尾美人蕉、紫叶美人蕉等。

美人蕉具粗壮肉质根茎，地上茎直立不分枝。叶互生，宽大，叶柄鞘状。单歧聚伞花序排列呈穗状或总状，花期自夏末至秋初。雄蕊数枚均瓣化为色彩丰富艳丽的花瓣，最具观赏价值；雌蕊亦

美人蕉

瓣化形似扁棒状。蒴果球形，种子黑褐色。

美人蕉性喜温暖炎热气候，喜阳光充足及湿润、肥沃深厚的土壤环境，可耐短期水涝。适宜生长温度为 25 ～ 30℃。通常用分株繁殖。

美人蕉在庭院中多大片自然式丛植，或用于花坛中心、花境背景或

用于盆景，也可于建筑物或灌木前衬植。根茎可入药，茎叶纤维可制人造棉、绳索等。

阿福花科

萱草

萱草是萱草亚科萱草属多年生草本单子叶植物。又称谖草、忘忧草、川草花等。

萱草英文名为"daylily"，即"一日之花"，指其单朵花仅开放一日即凋萎。萱草花在中国被誉为"母亲花"，食用种类称为金针或黄花菜，其花蕾可供观赏、食用及药用，具有很高的文化、观赏和经济价值。中国自古栽培萱草，最早的记载见于2500年前《诗经》中"焉得谖草，言树之背"，宋代《嘉祐本草》记载"萱草根凉，无毒，治沙淋，下水气"，《群芳谱》描述萱草花色"有黄、白、红、紫、麝香数种，然皆以黄色分深浅"。

萱草属植物有15～18种，主要分布在温带及亚热带的亚洲地区，多位于山区、草原栖息地和海崖。中国分布11种，各省均有分布。

萱草花

萱草叶线形，基生于短缩根状茎上呈二列排列。短缩根状茎和肉质纺锤根是其主要的营养贮藏器官，在营养初期和秋苗期贮存营养。花葶直立，为单歧聚伞花序或顶生聚伞花序。花近漏斗状，6～15朵着生于短花梗上，花色多为橘红或橘黄，无香味或微香，苞片卵状披针形。花被片6，雄蕊6，在花冠基部连生，雌蕊3深裂。群体花期集中于5～8月，单花花期1天。蒴果钝三棱状椭圆形或倒卵形，室背开裂，每个果实内有种子3～7粒，种子黑色，果期集中于6～9月。

萱草植株的分蘖能力较强，可在春、秋季进行分株繁殖。兼有地被和观花效果，适应性强，管理成本低，适用于多种类型的园林绿化栽植。

龙胆科

洋桔梗

洋桔梗是龙胆科洋桔梗属多年生草本植物。

洋桔梗原产于美国科罗拉多州、内布拉斯加州、得克萨斯州至新墨西哥州一带。洋桔梗作为切花，在日本和朝鲜等地栽培已有70多年的历史。因清新多变的花色、优美的花形和株型而广受人们的喜爱，是常见的园艺盆花和切花材料，常作一二年生栽培。

◆ 形态特征

洋桔梗株高30～100厘米，茎直立。叶对生，阔椭圆形至披针形，全缘，灰绿色，蜡质，叶基微微抱茎。苞片披针形。花钟状，依品种不同有单瓣和重瓣之分，重瓣品种花形似月季花。花色丰富，有红、粉红、紫、淡紫、白、黄等纯色花及具有复色花边的品种。每个花茎可产生

10～20朵花。自然花期5～7
月，通过花期调控可实现周
年开花。

洋桔梗花

◆ **栽培与管理**

洋桔梗喜全日照及冷
凉环境，不耐热，生长适温
15℃。喜潮湿、肥沃疏松、排水性好的土壤，一般选用加入草炭土、稻
糠及少量石灰的改良园土。基质需要经高温蒸汽或溴化甲醇处理，土壤
pH维持在6.5。对肥料的需求量较大，每隔5～7天施一次薄肥。种子
小，多采用播种形式，也可进行扦插。从播种至开花需120～140天，
切花品种需150～180天。主要病害有茎枯病、根腐病、灰斑病等，主
要为害害虫有潜叶蝇和蚜虫等。药物防治的同时结合栽培措施的改进来
达到降低病虫害的目的，如降低植株种植密度、合理施氮肥、适当增加
磷钾肥、提高植株抗病能力等。

◆ **用途**

洋桔梗花大美丽，花形奇特，其矮生品种盆栽用于点缀居室、阳台
或窗台，也可用于布置花境、花坛、花台等，也是常用的切花材料。

龙胆花

龙胆花是龙胆科龙胆属一年或多年生草本植物。

龙胆花在中国主要分布于内蒙古、黑龙江、吉林、辽宁、贵州、陕
西、湖北、湖南、安徽、江苏、浙江、福建、广东、广西等地。俄罗斯、

朝鲜、日本等国家也有分布。主要生长在海拔400～1700米的山坡草地、路边、河滩、灌丛、草甸中，以及林缘和林下。

龙胆花植株高达60厘米。根茎平卧或直立。花枝单生，棱被乳突。枝下部叶淡紫红色，鳞形，长4～6毫米，中部以下连成筒状抱茎；中上部叶卵形或卵状披针形，长2～7厘米，上面密被细乳突。花簇生枝顶及叶腋，花无梗，每花具2枚苞片。苞片披针形或线状披针形，长2.0～2.5厘米。萼筒倒锥状筒形或宽筒形，长1.0～1.2厘米；裂片线形或线状披针形，长0.8～1.0厘米，长于或等长于萼筒。花冠蓝紫色，有时喉部具黄绿色斑点，筒状钟形，长4～5厘米，裂片卵形或卵圆形，长7～9毫米，先端尾尖，褶偏斜，窄三角形，长3～4毫米。蒴果内藏，宽长圆形，长2.0～2.5厘米。种子具粗网纹，两端具翅。花期5～11月。

喜温凉湿润的环境，土壤一般为酸性土壤。繁殖方法可采用播种繁殖、分株繁殖，一般春播种、秋分株，也可进行扦插繁殖。

龙胆花是云南八大名花之一、高原四大名花之一，具有极高的观赏价值和药用价值。其根和根茎皆可入药，有清热燥湿、泻肝胆实火等功效。

天冬门科

蜘蛛抱蛋

蜘蛛抱蛋是天门冬科蜘蛛抱蛋属多年生常绿草本植物。别称一叶兰、一帆青、箬叶、万年青、大叶万年青、土蜈蚣、飞天蜈蚣、苞米兰、铁梗万年青等。

全世界已知该属植物有 150 余种，多分布在亚洲的亚热带和热带山地，喜生于茂密阴湿、土壤肥沃的常绿阔叶林下。常集中分布于酸性土山谷距离溪边 5 ~ 20 米林下湿度很大的区域或石灰岩山谷圆洼地和山坡中下部山槽等阴湿处，极少见于山脊。中国约 100 种，主要分布于长江以南的广西、贵州、云南、四川、重庆、湖南等地。

蜘蛛抱蛋高 50 ~ 80 厘米。具横走具节的根状茎，根状茎的每个节向下生细长的纤维根伸入土中，向上长出叶。叶单生和 2 ~ 4 枚簇生。蒴果球形，绿色，结果后果皮油亮发光，恰如蜘蛛卵，靠近根状茎生长，故称蜘蛛抱蛋。一般采用分株繁殖。

除普通的青叶蜘蛛抱蛋外，常见栽培的还有两个变种：①条斑蜘蛛抱蛋。叶片上有纵向的黄色或白色条斑。②金点蜘蛛抱蛋。叶片上有或稀或密的黄色或白色斑点。

蜘蛛抱蛋叶子挺拔，四季翠绿，姿态优美，淡雅而有风度，是南方栽植最普遍的观叶植物之一。常散植于园林和庭院树下，也常栽植于花坛中，既是理想的室内盆栽观叶植物，也是良好的切叶，且是一味中药。以根状茎入药，有活血通络、消暑祛湿、安神和胃、退热利尿等功能，主治热咳、中暑、头疼、失眠、肠胃炎、呕吐、急性肾炎、腰痛、关节痛、牙痛、跌打损伤等。

龙舌兰

龙舌兰是天门冬科龙舌兰属多年生常绿大型草本植物。又称龙舌掌、番麻。

　　龙舌兰原产于美洲热带。中国华南及西南各地常引种栽培。原产地一般种植几十年后才开花，开花后母株枯死，异花授粉才能结实。

　　龙舌兰四季常青，茎短。叶30余片，呈莲座状着生茎上。叶片肥厚，匙状倒披针形，灰绿色，具白粉，叶宽视植株年龄而异，长可达1.8厘米，宽15～20厘米，花葶上的叶向上渐小，叶先端渐尖，末端具褐色、长1.5～2.5厘米的硬尖刺，边缘有波状锯齿，齿端下弯曲成钩状。生长10余年后抽出高5～8米的花葶，上端具多分枝的狭长圆锥花序。花淡黄绿色，近漏斗状，花被管长约1.2厘米，裂片6，长2.5～3厘米，雄蕊6，着生于花被管喉部，花丝长约为花被片的2倍。子房下位，3室，每室具多个胚珠，柱头3裂。蒴果长圆形，长约5厘米，径约3厘米。一花序上可产生1500～3000个珠芽。花期6～8月。

　　龙舌兰性喜阳光充足，稍耐寒，不耐阴。喜凉爽、干燥的环境，生长适温15～25℃。耐旱力强。对土壤要求不严，以疏松、肥沃及排水良好的湿润沙质土壤为宜。

　　龙舌兰既能提取纤维用于制作衣服，又能酿造美酒。通常说的龙舌兰不仅指这一个种，也是对龙舌兰属植物的统称。

报春花科

报春花

　　报春花是报春花科报春花属多年生草本植物。报春花为泛称，指报春花类植物，或称樱草类。

报春花属植物约有 500 种，主要分布于北半球温带和高山地区，仅有极少数种类分布于南半球。沿喜马拉雅山两侧至中国云南、四川西部是该属的现代分布中心。中国是报春花属植物资源较丰富的国家，约占世界总数的 3/5，有很多种为中国所特有。

报春花

报春花是世界著名观赏花卉，因其花色多样、观赏价值高，被誉为"世界三大园艺植物"之一。报春花也是中国盛产的传统花卉，栽培历史悠久。明清时期报春花已作为云南民间传统盆花和云南八大名花之一。其他国家报春花属植物的栽培历史也有数百年，其中阿尔卑斯山原产的高山报春已经有 400 余年的栽培历史。1820 年，中国的报春花传入英国。据统计，由中国引入欧洲栽培的种类达 110 余种，其中不少已广泛栽培于欧美各国庭园，并培育出许多美丽的园艺品种。

◆ **形态和种类**

报春花属植物为基生叶，多数簇生成莲座状叶丛。花葶 1 至多枚，自叶丛中抽出，由数朵小花排成伞形花序或总状花序，花色有红、白、黄、蓝、紫等色。花冠漏斗状或高脚碟状，5 裂，广展，花眼明显。蒴果球状或圆柱形，种子细小多数。花期为每年 12 月至翌年 5 月。

中国学者将报春花属植物分成 30 个组，观赏价值高的有中国报春花组、鄂报春组、藏报春组、灯台报春组、钟花报春组等。常见栽培的报春花属植物有报春花、藏报春、鄂报春、欧洲报春、多花报春等。

◆ **栽培和繁殖**

报春花多喜温凉、湿润环境，以含腐殖质多而排水良好的酸性壤土为宜。通常作温室花卉栽培，但较耐寒。作温室盆花的，如鄂报春和藏报春等，均生长于海拔相对较低的石灰岩上，宜用中性土栽培，不耐霜冻，花期早。鄂报春在冬暖地区可陆地栽培，用于花坛、花境等。作陆地花坛布置的欧洲报春类多为中海拔或高纬度地区落叶林下的植物，适生于阴坡或半阴的环境，以及吸排水良好、腐殖质多的土壤。灯台报春组、钟花报春组的种类多生于高山湿草地、沼泽草甸和林缘，喜肥沃、潮湿但不积水的土壤，生长期须保持凉爽、空气湿度大的环境，夏季需半阴。常见的病害为灰霉病，主要为害害虫有蚜虫和红蜘蛛等。报春花一般用播种繁殖，有的种类亦可扦插和分株。种子寿命较短，宜采后即播。分株多用于特殊园艺变种，通常在秋季进行。

◆ **用途**

报春花株丛雅致，花姿艳丽，花量大，花期长，寓意吉祥，且正值中国的元旦和春节开放，可以增添喜庆气氛。宜盆栽，适合装点客厅、居室及书房；在温暖地区的陆地，还可点缀于花坛、假山、岩石园、野趣园、水榭旁，也可片植或带植形成连片景观。亦有种类可作切花之用。根可入药。

点地梅

点地梅是报春花科点地梅属植物的统称。

点地梅属约有 100 种，广布于北半球温带。中国有 71 种和 7 变种，

点地梅

主要产于四川、云南和西藏等地，西北、华北、东北、华东及华南亦有少量种类分布。

点地梅为多年生或一二年生小草本。叶同形或异形，基生或簇生于根状茎或根出条端，形成莲座状叶丛，极少互生于直立的茎上。叶丛单生、数枚簇生或多数紧密排列，使植株成为半球形的垫状体。花组成伞形花序生于花葶端，很少单生而无花葶。花萼钟状至杯状，5浅裂至深裂。花冠白色、粉红色或深红色，少有黄色，筒部短，通常呈坛状，约与花萼等长，喉部常收缩成环状突起，裂片5，全缘或先端微凹。雄蕊5，花丝极短，贴生于花冠筒上。花药卵形，先端钝。子房上位，花柱短，不伸出冠筒。蒴果近球形，5瓣裂。种子通常少数，稀多数。

点地梅属的许多种类是典型的高山植物，植株矮小，形成密丛或垫状体，花色艳丽，适合布置岩石园或作为盆栽供观赏。亦有少数种类作为民间草药。

仙客来

仙客来是报春花科仙客来属多年生草本植物。仙客来原产于南欧及地中海一带，世界各地广泛栽培。

仙客来肉质球茎扁圆形，根散生在球茎下方。叶着生于球茎顶端的中心部，叶基生，莲座状，叶片心形，肉质，有褐红色柄，表面深绿色，有不同的花纹，背面紫红色，边缘全缘或有细齿或波状。花单生，花瓣蕾期先端下垂，开花时上翻，形似兔耳，有紫红、玫红、绯红、淡红、雪青及白色等，基部常有深红色斑；花瓣边缘有全缘、缺刻、波状或皱褶之分。花期从每年10月到翌年4月。园艺栽培种经杂交育成，品种繁多，除颜色外还有大花型、中花型、小花型，以及皱瓣型和平瓣型等。

仙客来喜凉爽、湿润及阳光充足的环境。生长和花芽分化的适温为15～20℃，冬季室温低于10℃时花易凋谢，花色暗淡；夏季气温达到30℃时植株进入休眠状态，35℃以上植株易腐烂、死亡。为中日照植物。宜在疏松肥沃、排水良好、富含腐殖质的微酸性沙质壤土中种植。以播种繁殖为主，一般在9～10月播种。

仙客来

仙客来花色艳丽，花形别致，烂漫多姿，有的品种有香气，观赏价值很高，是冬、春季节的优良盆花，也是世界盆花生产中的主要种类。花期长达6个月，适逢圣诞节、元旦、春节等传统节日，市场需求量大。

风信子科

风信子

风信子是风信子科风信子属植物。又称洋水仙、西洋水仙、五色水仙。

　　风信子原产于地中海沿岸及小亚细亚一带，后传入荷兰。全世界风信子的园艺品种有 2000 个以上，可分为荷兰种和罗马种两类。荷兰种绝大多数每株只生长 1 支花葶，体势粗壮，花朵较大；而罗马种多数每株能着生 2～3 支花葶，体势幼弱，花朵较细。根据其花色，可分为蓝色、粉红色、白色、鹅黄色、紫色、黄色、绯红色、红色 8 个品系。

　　风信子为多年草本生球根类植物。鳞茎球形或扁球形，有膜质外皮，外被皮膜呈紫蓝色或白色等，皮膜颜色与花色成正相关。未开花时形如大蒜。叶 4～9 枚，狭披针形或带状披针形，肉质，基生，肥厚，具浅纵沟，绿色有光。花茎肉质；花葶高 15～45 厘米，中空，端部着生总状花序。小花 10～20 朵密生上部，多横向生长，少有下垂，漏斗形；花被筒形，上部 4 裂；花冠漏斗状，基部花筒较长，裂片 5 枚，向外侧下方反卷。原种为浅紫色，具芳香。蒴果。花期早春，自然花期 3～4 月。

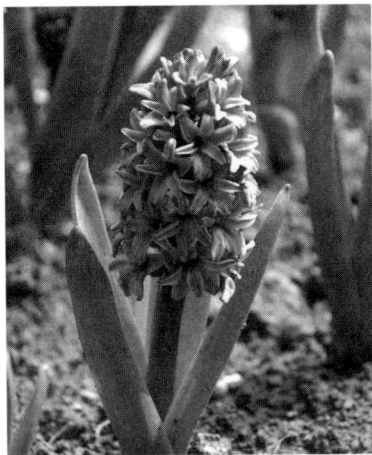

荷兰种风信子

凤仙花科

凤仙花

　　凤仙花是凤仙花科凤仙花属一年生草本植物。又称指甲花。

　　凤仙花原产于中国、印度、马来西亚。同属植物约 600 种，中国约 180 种。

凤仙花植株高 50 ～ 100 厘米。茎
肉质，下部节部膨大，青绿色或红褐
色至深褐色。叶互生，狭或阔披针形，
边缘有锯齿。花腋生，单朵或数朵，
有膨大中空向内弯曲的距，花瓣 5 枚，
旗瓣有圆形凹头，翼瓣宽大二裂，有白、
粉、红、玫瑰红、紫等色或带斑点色彩。

凤仙花植株健壮，生长迅速，喜

凤仙花

炎热，畏寒冷，耐瘠薄土壤。通常用播种方法繁殖。栽培品种较多，除
花色多样外，亦有半重瓣、重瓣品种。

凤仙花是花坛、篱旁、花境、庭前常见的草花，矮生重瓣品种适于
盆栽。红色花瓣加明矾捣碎可染指甲，种子入药名为"急性子"，茎入
药称"凤仙透骨草"。同属常见栽培的除凤仙花外，还有包氏凤仙、何
氏凤仙、水凤仙、紫凤仙、苏丹凤仙等。

鹤望兰科

鹤望兰

鹤望兰是被子植物单子叶植物姜目的一科。

◆ 地理分布

鹤望兰仅分布于南非、马达加斯加，以及美洲热带地区。中国无自

然分布，全为引种。喜沿河流或沼泽生长。

◆ **形态特征**

鹤望兰为高大的多年生草本，地下有短的根状茎，地上茎粗壮或为树状的由叶鞘基部构成的假茎。叶互生、大型，呈二列排列，叶柄有或无，叶片全缘，具有侧出弧形的平行脉。顶生或腋生蝎尾状聚伞花序，具有1个大型粗壮的佛焰苞。花两性，两侧对称。花被片3，有色彩，外侧的分离，内侧的基部联合，有时呈剑形前伸，中间具槽，包围着花丝和花柱。发育雄蕊5～6。雌蕊3心皮合生，子房下位，中轴胎座，3室，每室有胚珠1至多枚，花柱丝状。蒴果木质化，开裂为3瓣或不裂。种子具橙色、红色或蓝色的假种皮。

鹤望兰

本科植物为虫媒传粉，有时为典型的蜂鸟传粉，以具有1个粗壮的佛焰苞及有时具有箭头状花被为特点。

◆ **分类系统**

本科共有鹤望兰属、旅人蕉属和仅分布于南美亚马孙河的渔人蕉属3属，共6～7种。中国无自然分布。这些类群早期被置于芭蕉科，但形态学和分子系统学研究均支持其独立一科，与兰花蕉科近缘，构成姐妹群，再与芭蕉科构成姐妹分支，置于姜目下。

◆ **用途**

本科植物种类不多，但多数是美丽的观赏植物，被广泛种植于全世界热带、亚热带或温带的温室中。著名的如旅人蕉和鹤望兰被广泛培育，后者是重要的切花花卉。本科代表植物为鹤望兰。

堇菜科

角　堇

角堇是堇菜科堇菜属多年生草本植物。又称小花三色堇。

角堇既是物种 *Viola cornuta*（多年生草本，原产于欧洲南部地区，花色为纯色，花瓣较窄）的中文俗名，又指小花三色堇。小花三色堇为 *Viola cornuta* 与大花三色堇的杂交种的统称。大花三色堇本身也是一类杂交种的统称，由原种三色堇、黄堇菜和阿尔泰堇菜杂交而来。园艺行业通常将小花三色堇称为角堇。

◆ 形态特征

角堇为多年生，但常作为一二年生栽培。株高 10 ～ 30 厘米，宽幅 20 ～ 30 厘米。具根状茎。地上茎短而直立，四棱，分枝能力强。叶互生，长卵形，有锯齿或分裂。花两性，两侧对称，花梗腋生，花瓣 5 片，花朵直径 2.5 ～ 4.0 厘米。花色丰富，有红、白、黄、紫、蓝等颜色，常有花斑，有时上瓣和下瓣呈不同颜色；浅色多，

角堇

中间无深色圆形斑块，仅有黑色直线。果实为蒴果。种子倒卵状，种皮坚硬，有光泽。花期11月至次年6月中旬。品种繁多，主要根据花色、花形等进行品种分类。

◆ 栽培与管理

角堇喜凉爽环境，喜光照充足但忌高温，耐寒性强。栽培宜选用肥沃、排水良好、富含有机质的壤土或沙质壤土。移栽后的缓苗期应始终保持土壤湿润，缓苗后方可开始施肥。生长期每月施肥一次，开花后停止施肥。花后及时修剪残花，可促进更多花开放。一般采用播种繁殖，以秋季为宜；中国南方多秋播，北方春播。种子发芽适宜温度15～20℃，气温高于25℃会发芽不良。角堇的种子细小，播种后用粗蛭石略微覆盖，5～8天后发芽。30天后叶片长到3～4枚时，即可移植。病虫害主要防治炭疽病、灰霉病及蚜虫、红蜘蛛等。

◆ 用途

角堇株型小巧，花色丰富，且开花早，花期长，观赏价值高。多用于布置花坛、花境镶边等，也适合公园、绿地、庭院等路边栽培或营造林下群体景观，还是优良的家庭窗台、阳台盆栽观赏植物。

景天科

长寿花

长寿花是景天科伽蓝菜属多年生常绿肉质草本。

长寿花原产于马达加斯加北部的察拉塔纳纳山相对冷凉的高山草甸

上。20 世纪 30 年代，欧洲开始对其进行广泛的栽培和观赏。长寿花是国际花卉市场中发展最快的盆花之一。其花期长达 4 个月，故称长寿花。

长寿花

◆ 形态与种类

长寿花株型小巧，株高 10 ～ 50 厘米。茎直立。叶肉质交互对生，密集，长圆状匙形，长 4 ～ 8 厘米，宽 2 ～ 6 厘米，肉质，光滑无毛，叶缘上部具波状钝齿，有光泽，叶边略带红色，叶脉不明显。花序圆锥聚伞状，挺直，长 7 ～ 10 厘米。每株具花序 5 ～ 7 个，着花 60 ～ 250 朵。花小，高脚碟状，花径 1.2 ～ 1.6 厘米，花瓣 4 片。花朵色彩丰富，有绯红、桃红、橙红、黄、橙黄和白等。花冠长管状，基部稍膨大。蓇葖果。种子多数。花期 1 ～ 4 月。

中国栽培的长寿花有近 100 个品种。按花型，分为单瓣、重瓣和宫灯长寿花；按叶片形态，分为裂叶、羽叶和玫瑰叶 3 类；按颜色，分有白色、粉色、红色、绿色、双色等品种。同属观赏种有玉吊钟、褐斑伽蓝和棒叶落地生根等。

◆ 栽培与管理

长寿花喜温暖稍湿润和阳光充足的环境，每天 6 小时左右的光照，忌暴晒和过度荫蔽。不耐寒，生长适温为 15 ～ 25℃，夏季高温超过 30℃则生长受阻，适宜的冬季室内温度为 12 ～ 15℃。温度低于 5℃，则叶片发红，花期推迟。冬、春开花期如室温超过 24℃，会抑制开花；如温度在 15℃ 左右，则开花不断。耐干旱，对土壤要求不严格，以肥沃的沙壤土为佳。长寿花耐干旱，忌积水，旺盛生长季不能缺水，每隔 2～3 天浇水一次，花期忌将水喷到花朵上。生长旺盛初期要注意及时摘心，促使多分枝，以利株型丰满，提高观赏效果。长寿花的繁殖方法主要为扦插和组培，且组培技术链已经成熟。

◆ 用途

长寿花叶片肥大、光亮、翠绿，植株小巧玲珑，株型紧凑。花期临近圣诞和春节，且花期长，花色丰富，簇拥成团，是惹人喜爱的理想的室内盆栽花卉。讨彩的"长寿"之名更使其成为元旦、春节期间走访亲友、馈赠长辈的理想盆花。室内可摆放在桌面、窗台、阳台等处观赏。也常在公园、商业区的花坛、种植槽中摆放观赏。

佛甲草

佛甲草是景天科景天属多年生肉质草本植物。佛甲草原产于中国和日本，在中国分布很广。生于低山或平地草坡上。

佛甲草株高 10～20 厘米，茎多分枝，幼时直立，后下垂呈丛生状。叶线形或线状披针形，常 3 叶或 4 叶轮生，横截面较圆，宽不超过 2 毫米，先端钝尖，基部无柄。聚伞花序顶生，疏生花，着生花无梗；萼片 5，线状披针形；花小，花瓣 5，黄色，披针形，长 4～6 毫米，先端急尖，基部稍狭；雄蕊 10，较花瓣短。花期 4～5 月，果期 6～7 月。

佛甲草喜温暖湿润、光照充足环境。生性强健，耐寒、耐旱力强，对土壤要求不严，但以疏松肥沃、排水良好的土壤为佳，忌涝。在中国北方地区栽培，严寒期地上部茎叶冻枯，翌年土壤解冻后可萌发新芽，早春便能覆盖地面。在长江以南地区栽种，则四季常绿。常采用播种或扦插繁殖。

佛甲草花

佛甲草植株整齐美观，可作盆栽观赏，也可作为园林地被，是良好的屋顶绿化材料。全草可药用，有清热解毒、散瘀消肿、止血的功效。

佛甲草常见的栽培品种还有松叶佛甲草金丘，又称金叶佛甲草。其叶条形，常4叶或5叶轮生，横截面常宽而扁，宽至3毫米，叶片金黄色亮丽，可广泛应用于屋顶绿化、道路绿化、居住区绿化等，是布置花坛、花境的优良植物。

景　天

景天是景天科景天属植物的通称。

景天广泛分布于全球温带和热带的高山地区。全属约600种，中国约140种，南北均产，以西南高山为多，主供观赏用。属的模式种苔景天分布于欧洲、非洲、亚洲西部和北美洲。景天类主要野生于岩石地带、山坡石缝、林下石质坡地、山谷石崖等处。

景天类是多年生、稀一年生多肉草本植物，少有茎基部呈木质。叶各式，对生、互生或轮生，全缘或有锯齿，少有线形的。花序聚伞状或伞房状，腋生或顶生；花白色、黄色、红色、紫色；常为两性，稀退化为单性；常为不等 5 基数，少有 4～9 基数；花瓣分离或基部合生；雄蕊通常为花瓣数的 2 倍。蓇葖有种子多数或少数。

景天多数植物喜光照，部分种耐阴，对土壤要求不严。喜湿润，但忌涝。

景天类株丛矮小紧凑，株型秀美，绿色期长。叶多为肉质，质感好。花小而密集、鲜艳，花期长，是集观叶、观花为一体的优良宿根花卉。景天类具有根系浅却生长迅速、抗逆性强、管理粗放等特点，尤其耐干旱、瘠薄，是城乡园林绿化中的优良地被植物，广泛用于屋顶绿化、边坡绿化、道路绿化，也常用于花境配植。

桔梗科

桔　梗

桔梗是桔梗科桔梗属多年生草本植物。桔梗原产于中国北部地区及朝鲜半岛、俄罗斯远东等地区。

桔梗根肉质长圆柱形，茎直立，株高 20～120 厘米。叶轮生，也有对生或互生，无柄或有极短的柄，卵形或卵状披针形，叶背有白粉，叶顶端缘具细锯齿。花单生或数朵集成假总状花序，或有花序分枝而集成圆锥花序；花萼和花冠钟形。花冠蓝紫色或白色。蒴果球状，或球状倒圆锥形，或倒卵状，长 1～2.5 厘米，直径约 1 厘米。花期 7～9 月。

耐寒。多用播种繁殖，也可分株繁殖。

桔梗花色淡雅，为优良宿根花卉，可作花境材料。根可入药或作蔬菜。

菊 科

菊 花

菊花是菊科菊属多年生草本植物。

菊花原产于中国。古名鞠。花色丰富多彩，姿容飘逸，自古即受人喜爱，为中国十大传统名花和世界四大切花之一。中国东周时期古籍中已有黄花野菊的记载。唐代以后，品种日益增多，栽培更为广泛。清初《广群芳谱》中记有品种 153 个。至 20 世纪，品种已不下数千。日本栽培的菊花最早由中国经朝鲜传入。17 世纪末，荷兰商人将菊花传入欧洲。19 世纪，英国植物学家利用中国和日本的优良菊花品种杂交育成新的品种。后又从英国传入美国。

◆ 形态特征

栽培菊是由某些黄色、白色或紫色的野生菊经种间杂交演化而来的。茎多分枝，基部木质化。株高 0.4～2 米。单叶互生，多卵圆形，长 5～15 厘米，边缘具粗大锯齿或深裂。头状花序，外围为舌状花，大小、形状变化很大，有平瓣、匙瓣、管瓣、畸瓣、桂瓣之分；中心为筒状花，常稀少或阙如，有时长大成桂瓣。不同的瓣形，形成不同的花形，具有各种不同的颜色，构成多种多样的品种。花序下为总苞，舌状花多为雄性花，筒状花为两性花，雌蕊柱头两歧。瘦果。世界上有万余品种菊花，依花径可分为大菊（径 6 厘米以上）和小菊（径 6 厘米以下）；依花期可分为春菊、夏菊、秋菊、冬菊（寒菊）和四季菊；依花色可分为黄、白、粉、紫、橙、褐、绿以及间色和复色等。

◆ **生长习性**

菊花为短日照植物，喜光，性耐寒，适应性强，中国自华南至东北均能栽植。对温度、土壤酸碱度的要求不严，但以 18 ~ 22℃和中性至微酸性（pH 为 6.0 ~ 6.7）、排水良好的肥沃壤土最适生长。采用种子或营养体繁殖均可，以扦插繁殖为主。

◆ **整形方法**

菊花有多种整形方法：①独本菊。为单干顶端着单花，栽培中不摘心，仅适时除去侧芽和蕾。②多头菊。花头保持 3 朵以上至数十朵。③大立菊。一株上着花数百朵至千朵以上，冠幅可达 2 米以上。④塔菊。将菊花培养成直立的塔形。⑤悬崖菊。用小菊培育，顶端不摘心，基部侧枝则反复摘心。先端用长竹片诱导拱形生长，形成后宽端狭的尾状。开花时将花盆置于高处，花枝拱泻而下，别具风趣。⑥造型菊。选节间较长且枝条柔软的大菊或小菊培养成多头菊后，先用铁丝或细竹条编成文字或动物、建筑物等形状，再将花朵排列绑扎其上，形成精美的艺术形象。⑦盆景菊。多以小菊为材料，控制水量，应用盆景制作技艺，通过摘叶、整形或将茎缠附于干枯树桩上，养成老干虬枝、古木开花的形态。

◆ **用途**

菊花观赏价值较高，除盆栽或配植花坛外，常用作切花材料。药用菊花性微寒、味甘苦，具有散风清热、平肝明目的功能，主治感冒风热、头痛、目赤等症。部分菊花品种可供饮用，称为茶菊；味甘甜的菊苗及部分品种的花瓣可作蔬菜。

百日草

百日草是菊科百日菊属直立性一年生草本植物。又称步步高。

百日草原产于墨西哥。世界各地广泛栽培，有时逸为野生。园林中常用的是通过杂交培育出的品种。品种繁多，可达数百种。

◆ 形态特征

百日草茎直立，高 30 ～ 120 厘米，被糙毛或长硬毛。叶宽卵圆形或长圆状椭圆形，两面粗糙，下面被密短糙毛，基出 3 脉，单叶对生，无叶柄，基部抱茎。头状花序单生枝端，舌状花多轮，倒卵形，深红色、玫瑰色、紫堇色或白色，舌片倒卵圆形，先端 2 ～ 3 齿裂或全缘，上面被短毛，下面被长柔毛。管状花黄色或橙色，先端裂片卵状披针形。花朵直径 4 ～ 15 厘米。雌花瘦果倒卵圆形，管状花瘦果倒卵状楔形。花期 6 ～ 9 月，果期 7 ～ 10 月。花形丰富多变，有单瓣、重瓣、卷瓣、皱瓣等。花色从白色和奶油色到粉红色、红色和紫色，再到绿色、黄色、杏色、橙色、鲑鱼色和青铜色，也有条纹、斑点和双色品种。

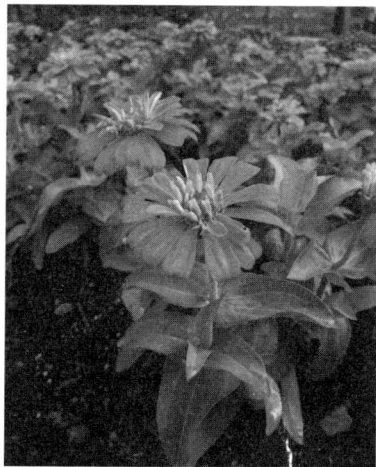

百日草

在植株高度方面，已培育出低于 15 厘米的矮化品种用于盆栽，亦有适宜作为切花的高秆品种。

◆ 栽培与管理

百日草易栽培，喜排水良好、肥沃的土壤和充足的阳光。在干燥温暖（15～30℃）、无霜冻的地区生长良好，很多品种较耐旱，因此在中国北方地区更为适宜。不耐寒，温带地区需要在霜冻后进行播种。播种前，土壤和种子要经过严格的消毒处理，以防生长期出现病虫害。基质用腐叶土 2 份、河沙 1 份、泥炭 2 份、珍珠岩 2 份混合配制而成。定植时盆底施入 2～3 克复合肥，定植后用 800 倍液敌克松灌根消毒，待根系生长至盆底即可开始追肥，每周施肥 2～3 次。定植 1 周后开始摘心，摘心后可喷 1 次杀菌剂并施 1 次重肥。常见病害有白星病、黑斑病、花叶病等，害虫有蚜虫、红蜘蛛等。

◆ 用途

百日草是著名观赏植物，夏季开花且可开至初秋，花朵陆续开放，长期保持鲜艳的色彩，象征友谊天长地久。百日草第一朵花开在顶端，然后侧枝顶端开花比第一朵更高，因此又得名"步步高"。株型美观，花大色艳，开花早且花期长，可按高矮分别用于花坛、花境、花带，矮型品种用于盆栽。

非洲菊

非洲菊是菊科大丁草属簇生状多年生草本植物。

非洲菊原产于非洲东南部。中国各地广泛栽培。

◆ **形态特征**

非洲菊株高可达 60 厘米，宽幅 45 厘米左右。根状茎短，为残存的

叶柄所围裹，具较粗的须根。叶基生，莲

座状，叶片长椭圆形至长圆形，顶端短尖

或略钝，叶柄具粗纵棱，多少被毛。花葶

单生，少量有数个丛生，高于叶丛。头状

花序单生于花葶之顶。舌状花 1 ～ 2 轮或

多轮，倒披针形。管状花较小，常与舌状

花同色。花朵直径 4 ～ 5 厘米。花期 11 月

至次年 4 月。品种多达几千种。花色丰富，

非洲菊

有红色、白色、黄色、橙色、紫色等。以鲜切花生产供应市场时，可通

过花期调控实现周年开花。

◆ **栽培与管理**

非洲菊喜温暖通风、阳光充足、空气流通的环境。喜疏松、肥

沃、排水良好的沙质土壤。生长适宜温度为 20 ～ 30℃，冬季适温

12 ～ 15℃。可采用播种、组织培养或分株繁殖。播种繁殖需要人工辅

助授粉，成熟后及时播种，避免种子过于干燥而丧失萌发力。组培繁殖

常用叶片作为外植体，针对性状较好的品种进行规模化繁殖。分株繁殖

针对分蘖能力强的品种，栽培 3 年盛花期过后对繁茂的株丛进行分株。

◆ **用途**

非洲菊风韵秀美，花色艳丽，周年开花，装饰性强，且耐长途运输，

可用于切花、盆栽及庭院装饰。切花瓶插单花期 14 ～ 21 天，为理想的

切花花卉。栽培良好时，每株 1 年平均可切取 30 枝切花。在中国北方地区多盆栽观赏，用于装饰厅堂、门侧，点缀窗台、案头。在南方地区，可将非洲菊作为宿根花卉，应用于庭院丛植、布置花境、装饰草坪边缘等均有极好的效果。

瓜叶菊

瓜叶菊是菊科瓜叶菊属多年生草本植物。

瓜叶菊原产于非洲西北海域的加那利群岛，最初由野瓜叶菊和物种 *P.lanata* 杂交而成，杂交种于 1777 年在英国首次开花。因植株叶片大如瓜叶而得名。

◆ 形态与种类

瓜叶菊高 30 ～ 70 厘米。茎直立，密被白色长柔毛。叶具柄，叶片大，肾形至宽心形，叶缘不规则浅裂或钝锯齿状。头状花序直径 3 ～ 5 厘米，多数，在茎端排列成宽伞房状。花色丰富，除黄色外其他颜色均有，还有红白相间的复色品种，常见蓝紫色、白色系列。

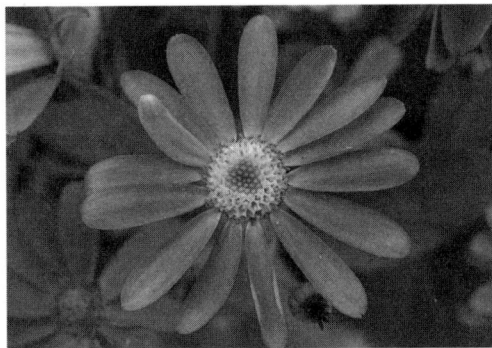

瓜叶菊

瘦果长圆形，具棱，初时被毛，后变无毛。花期 1 ～ 4 月。

瓜叶菊园艺品种极多，可分为大花型、星型、中间型和多花型 4 类，不同类型中又有重瓣程度和高度不同的品种。

◆ **栽培与管理**

瓜叶菊是喜光性植物，冬季室内栽培需要阳光充足才能叶厚色深、花色鲜艳。性喜凉爽气候，不耐夏季炎热高温，生长适宜温度为15℃，尤其在冬季花蕾形成和开花时要注意保持适当的温度。喜富含腐殖质且排水良好的沙质土壤，pH 以 6.5 ～ 7.5 较适宜。喜土壤潮湿，但忌积水，忌叶片高湿不通风。生长期每 7 ～ 10 天施一次 2% 左右的淡饼肥或 1% 的氮、磷、钾复合肥，交替使用效果更好。瓜叶菊对栽培养护有相对较高的要求，生长期可能出现的病虫害有白粉病、灰霉病、黄萎病、蚜虫、白粉虱、蓟马等，要注意控制湿度，保持良好的通风。

◆ **用途**

瓜叶菊常作一二年生栽培。头状花序顶生，繁密如花球，是冬春时节主要的观赏植物之一。常用于宾馆内庭、会场、剧院、公园入口处的花坛布置，通常采用盆栽摆放的形式；也常作为元旦、春节期间室内的观赏植物，可盆栽置于阳台、窗台、案头、几架等。

蛇目菊

蛇目菊是菊科蛇目菊属一年生草本植物。蛇目菊原产于墨西哥，中国香港有栽培或为野生。

蛇目菊高达 50 厘米。叶菱状卵形或长圆状卵形，长 1.2 ～ 2.5 厘米，全缘，少有具齿，两面被疏贴短毛。头状花序单生于顶端。舌状花，单性，黄色或橙黄色，顶端具 3 齿。管状花，两性花，暗紫色，顶端 5 齿裂。总苞片被毛，外层总苞片基部软骨质，上部草质。舌状花瘦果扁压，三棱形，顶端具 3 芒刺。管状花瘦果三棱形至扁，暗褐色，顶端有 2 刺芒或无刺芒，边缘有狭翅，外面有白色瘤状突起或无小瘤而成细纵肋。

矢车菊

矢车菊是菊科矢车菊属二年生草本植物。又称蓝芙蓉。

矢车菊原产于欧洲东南部，世界各地广泛栽培。

矢车菊株高 60 ～ 90 厘米，也有矮生品种，株高仅 30 厘米左右。整株粗糙呈灰绿色。茎秆细，直立，分枝多。上半部叶线状披针形，基部叶呈羽状深裂。头状花序顶生，花色有蓝、红、紫、白等。瘦果。花期 4 月至 6 月上旬。栽培品种繁多，有重瓣、半重瓣、大花型和矮生型等。同属种类有香矢车菊、美洲矢车菊和山矢车菊。

矢车菊喜温暖、湿润，喜光、怕炎热。要求肥沃、疏松和排水良好的土壤。适应性强，也耐瘠薄土壤，有自播能力。采用播种繁殖，多在 9 月前后秋播，北方也可春播，播后 7 ～ 10 天发芽。矢车菊属直根性花卉，栽培时宜直播，少移栽。可摘心促进分枝。

矢车菊的花

一般春播苗较瘦弱，开花差。生长期应适当追肥，但氮肥不宜过多，以免徒长。

矢车菊高秆品种可用于花境布置或用作切花，矮性品种常用于盆栽或地被观赏。

松果菊

松果菊是菊科松果菊属多年生草本植物。又称紫锥花、紫锥菊、紫松果菊。

松果菊原产于北美洲东部地区。生于干燥开阔的树林、草原和贫瘠之地。松果菊的品种有100余个,有矮生品种、花色渐变品种、重瓣品种等。

◆ 形态特征

松果菊植株高60～150厘米,宽幅可达25厘米。全株具粗毛,茎直立。含基生叶和茎生叶,基生叶卵形或三角形,茎生叶卵状披针形、互生;叶柄基部稍抱茎,叶缘具锯齿。头状花序单生或聚生于枝顶,直径7～15厘米。花的中心为球形凸起状,球上是橙黄

松果菊的花

色雌雄同体的管状花,球基部为紫红色不育舌状花,花色因品种不同而丰富多变。花期从夏季到秋季。种子为瘦果,具有吸引鸟类的作用。

◆ 栽培与管理

松果菊喜阳光充足、温暖的气候条件,适宜生长温度为15～28℃。生命力顽强,耐寒冷,耐干旱,对土壤要求不严,在深厚、肥沃、富含腐殖质的土壤中生长良好。可采用播种、分株繁殖,以播种繁殖为主。

播种繁殖可在春季温室内进行，也可在秋季露天播种。分株繁殖在春季和秋季花后进行。一般选择排水良好、肥沃的土地。对种子进行12周的低温处理，在温水中催芽2～3小时后播种，7～14天后萌发，移栽前需要炼苗5～7天，然后选择生长良好、无病虫害、根系完整、具有3～4片真叶的幼苗移栽。病害主要有枯萎病和黄叶病。因松果菊喜半干半湿润土壤生长，要及时排水，防止积水。

◆ **用途**

松果菊花大色艳，外形美观，不仅可以用于花坛、花境和坡地造景，还可作为盆栽摆放在庭园、公园和街道绿化等处，亦可用作切花材料。

一枝黄花

一枝黄花是菊科一枝黄花属多年生草本植物。

一枝黄花原产于中国华东、中南及西南等地。生于海拔565～2850米的山坡、阔叶林缘、林下、路旁及草丛之中。此种植物在中国别称极多，江浙通称金锁钥、满山黄，福建称为百根草、百条根、千根癀，江西、湖南称一支枪、一支箭、一枝香、朝天一炷香等，广东、广西通称黄花草、六叶七星剑、蛇头黄等，桂黔又称竹叶柴胡、金柴胡、钓鱼竿柴胡等。

一枝黄花高(9)35～100厘米。茎直立，通常细弱，单生或少数簇生，不分枝或中部以上有分枝。中部茎叶椭圆形、长椭圆形、卵形或宽披针形，长2～5厘米，宽1～1.5(2)厘米，下部楔形渐窄，有具翅的柄，仅中部以上边缘有细齿或全缘；向上叶渐小；下部叶与中部茎叶同形，有长 2 ～ 4 厘米或更长的翅柄。全部叶质地较厚，叶两面、沿脉及叶缘有短柔毛或下面无毛。头状花序较小，长 6 ～ 8 毫米，宽 6 ～ 9 毫米，多数在茎上部排列成紧密或疏松的长 6 ～ 25 厘米的总状花序或伞房圆锥花序，少有排列成复头状花序。总苞片 4 ～ 6 层，披针形或披狭针形，顶端急尖或渐尖，中内层长 5 ～ 6 毫米。舌状花舌片椭圆形，长 6 毫米。瘦果长 3 毫米，无毛，极少在顶端被稀疏柔毛。花果期 4 ～ 11 月。

一枝黄花

　　一枝黄花在园林中作花境、花丛、切花用。全草入药，性味辛、苦，微温，具有疏风解毒、退热行血、消肿止痛的功效，主治毒蛇咬伤、痈、疖等。全草含皂苷，家畜误食中毒会引起麻痹及运动障碍。

木茼蒿

　　木茼蒿是菊科木茼蒿属灌木。又称木春菊、法兰西菊、小牛眼菊。原产于北非加那利群岛。木茼蒿高达 1 米。枝条大部木质化。叶二回羽状分裂，一回为深裂或几全裂，二回为浅裂或半裂。叶柄长 1.5 ～ 4 厘米，有狭翼。头状花序多数，在枝端成不规则的伞房花序，有长花梗。总苞宽 10 ～ 15 毫米，边缘白色宽膜质。舌状花舌片长 8 ～ 15 毫米，长椭圆状。内轮为管状花。舌状花瘦果有 3 条具白色膜质宽翅形的肋，内轮两性花瘦果有 1～2 条具狭翅的肋，并有 4～6 条细间肋。冠状冠毛长 0.4 毫米。花果期 2～10 月。

中国各地常栽培于花坛、花境等园林绿化区域，也常作盆景观赏。

木兰科

木　莲

木莲是木兰科木莲属乔木。木莲分布于中国福建、广东、广西、贵州、云南等地。

木莲高可达 20 米。嫩枝及芽有红褐短毛，后脱落无毛。叶革质、狭倒卵形、狭椭圆状倒卵形，或倒披针形，

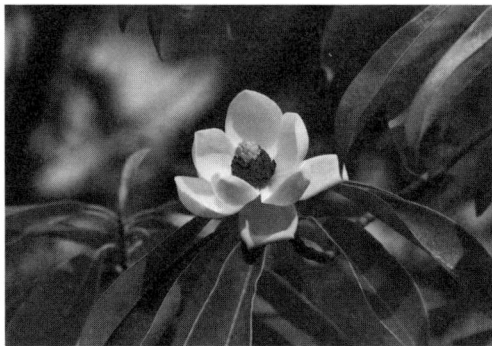

木莲花

长 8～17 厘米，宽 2.5～5.5 厘米，先端尖，基部楔形。叶柄红褐色，长 1～3 厘米，基部稍膨大。花被片纯白色，每轮 3 片，外轮 3 片质较薄，近革质，凹入，长圆状椭圆形，内 2 轮稍小，常肉质，倒卵形。雄蕊长约 1 厘米，雌蕊群长约 1.5 厘米，具 23～30 枚心皮，平滑。聚合果褐色，卵球状，长 4～5 厘米，蓇葖露出面有粗点状凸起，先端具长约 1 毫米的短喙。种子红色。花期 5 月，果期 10 月。

木莲喜光，适宜酸性土壤。可作园林绿化树种。木材可供板料、细工用材。果及树皮入药，可治便秘和干咳。

兰 科

兰 花

兰花是兰科兰属附生或地生草本植物的习称。

兰科是被子植物种数最多的科之一。全世界野生兰科植物有800多属、近30000种，中国野生兰科植物有173属、1240多种，其中1/4可供观赏，如蝴蝶兰属、石斛兰属、兜兰属、杓兰属和独蒜兰属等。

兰属全世界有50～60种，主要分布于亚洲热带和亚热带地区，少数种类也见于澳大利亚。中国有31种，是兰属植物分布中心之一。

◆ 形态特征

兰花叶数枚至多枚，通常生于假鳞茎基部或下部节上，二列，带状或罕有倒披针形至狭椭圆形，基部一般有宽阔的鞘并围抱假鳞茎，有关节。总状花序具数花或多花，颜色有白、纯白、白绿、黄绿、淡黄、淡黄褐、黄、红、青、紫等色。

◆ 类型

兰花按生活习性可分为地生兰、附生兰和腐生兰；按产地可分为国兰和洋兰。

国兰

中国传统名花中的兰花主要指兰属植物中的地生兰种类，即国兰，包括春兰、蕙兰、建兰、墨兰、寒兰、莲瓣兰和春剑等，在中国栽培历史悠久。国兰均为多年生草本，一般具有粗厚的肉质根，茎通常较短，不同程度地膨大成肉质的假鳞茎，以贮藏水分与养分。兰属植物的叶片多为带形或线形。国兰的花葶又称为"花箭"，侧生，直立或近直立，总状花序具数花或数十花。兰属植物的花和兰科其他种类大同小异，野生由1片中萼片、2片侧萼片、2片花瓣和1片唇瓣组成，古籍中把中萼片称为"主瓣"，侧萼片称为"副瓣"，花瓣称为"捧心"，唇瓣称为"舌"，蕊柱称为"鼻头"。

洋兰

民间所说的"洋兰"多指产于热带的兰花种类，又称热带兰，多为附生，包括蝴蝶兰、万代兰、文心兰、卡特兰、兜兰和石斛兰等。与国兰相比，洋兰花大，颜色鲜艳，少有香味。

◆ 栽培和繁殖

兰花喜阴，怕阳光直射；喜湿润，忌干燥；喜肥沃、富含腐殖质的基质。养兰八字要诀：通风、排水、湿润、温暖，不同种类对光照、温度、湿度和通风的要求并不完全相同。可通过分株、播种、组织培养等进行繁殖。主要病虫害有炭疽病、叶斑病等。

◆ 用途

国兰品种繁多，花形独特，多具奇香，花叶均可欣赏，常作盆花栽培。兰花是高洁典雅的象征，与梅、竹、菊并称"四君子"。兰花还是中国十大名花之一。古人将兰花誉为"国香""香祖"，常以"兰章"喻诗文之美，以"兰交"喻友谊之真。兰花是中国保定、龙岩、宜兰、贵阳、保山等城市的市花。

春 剑

　　春剑是兰科兰属植物春兰的变种之一。

　　春剑分布于中国四川、贵州和云南。生长于海拔 1000 ～ 2500 米杂木丛生山坡上的多石之地。喜半阴环境，忌空气干燥。

　　春剑为地生草本植物。根粗细均匀。假鳞茎比较明显，圆形。叶 5 ～ 7 枚，带形，长 50 ～ 70 厘米，宽 1.2 ～ 1.5 厘米，质地坚挺，直立性强，边缘具细锯齿，下部无关节。花葶直立，长 20 ～ 35 厘米，花序具 3 ～ 5（7）朵花。花苞片长于花梗和子房，宽阔，常包围子房。花直径 5 ～ 6 厘米，淡黄绿色，常有变化，具杂色脉纹或斑点，

春剑

有香气。萼片长圆状披针形，长 3.5 ～ 4.5 厘米，宽 1.0 ～ 1.5 厘米。中萼片直立，稍向前倾，侧萼片稍长或等长于中萼片，左右斜向下开展。花瓣比萼片短，长 2.5 ～ 3.1 厘米，宽 1.3 厘米，基部有 3 条紫红色条纹，与萼片均不扭曲。唇瓣长而卷曲，端钝。花期 1 ～ 4 月。

　　春剑是中国西南地区独特的兰种，拥有正宗川兰的美称，其颜色鲜艳富丽，花色有红、黄、白、绿、紫、黑及复色，叶姿挺拔苍健，香浓味纯，深受人们喜爱。

大花蕙兰

　　大花蕙兰是兰科兰属中的园艺栽培类群。

大花蕙兰由原产于中国西南部及印度、缅甸、泰国、越南等国兰属中的大花附生种、小花垂花种及一些地生兰经多代人工杂交育成，品种数量过千。中国原产的碧

大花蕙兰

玉兰和独占春等种类参与了大花蕙兰的育成。

大花蕙兰花大而多，花期长，有白、红、黄、绿等多个色系。依据花形大小分为大、中、小花品种群。迷你小花系和垂花系两大新系列较受市场欢迎。一般用分株、组培方式繁殖。

大花蕙兰适应性强，观赏期长，栽培相对容易，常用作高档盆花，也可作切花。大花蕙兰既有国兰的幽香典雅，又有洋兰的丰富多彩，在国际花卉市场十分畅销，是兰花产业中较流行的种类之一。

兜　兰

兜兰是兰科兜兰属植物。又称拖鞋兰、仙履兰，意指其兜状唇瓣如拖鞋鞋头。

兜兰属有 79 种，全部产于亚洲热带和亚热带地区。中国约 27 种，主要分布于云南、广西和贵州等地，著名种类有杏黄兜兰、麻栗坡兜兰、带叶兜兰、硬叶兜兰、白花兜兰等，其中硬叶兜兰和杏黄兜兰曾多次在世界兰花博览会上荣获金奖。由于分布区域狭窄、原产地气候异常、生存环境丧失、资源遭受掠夺性采挖等，导致多种兜兰种群迅速减少而濒

临灭绝。在《濒危野生动植物种国际贸易公约》（CITES）中，此属全部种类均属于一级保护植物。

兜兰多数地生，少数附生，根状茎不明显或罕有细长、横走的根状茎，无假鳞茎，具稍肉质的根。

兜兰喜温暖、湿润和半阴的环境，怕强光暴晒。绿叶品种生长适温为 12 ～ 18℃，斑叶品种生长适温为 15 ～ 25℃，能忍受的最高温度约 30℃，越冬温度以 10 ～ 15℃为宜。主要以无菌播种方式进行繁殖，栽培基质采用腐殖土、树皮、火山石等。

麻栗坡兜兰

兜兰花大、艳丽、花形奇特，颇具观赏价值，是世界上栽培最早和最普及的洋兰之一，有单花和多花种类之分，备受人们喜爱。在商业生产中，兜兰以盆花为主，有少量切花。栽培的兜兰分成两类：一类是未经过杂交改良的原生种，另一类是杂交种。一般来说，杂交种花大，容易开花，色泽鲜艳，并且比原生种容易栽培，生长强壮，适合中国大部分地区一般家庭和普通温室种植。

独蒜兰

独蒜兰是兰科独蒜兰属种类的总称。

全属有 19 种，主要产于中国秦岭山脉以南，西至喜马拉雅地区，南至缅甸、老挝、泰国的亚热带地区和热带凉爽地区。中国有 16 种，主要产于西南、华中和华东地区，也见于广东、广西北部和台湾山地。

独蒜兰为附生、半附生或地生小草本。假鳞茎一年生，常较密集，卵形、圆锥形、梨形至陀螺形，向顶端逐渐收狭成长颈或短颈，或骤然收狭成短颈，叶脱落后顶端通常有皿状或浅杯状的环。叶 1 ～ 2 枚，生于假鳞茎顶端，通常纸质，多少具折扇状脉，有短柄，一般在冬季凋落，少有宿存。花葶从老鳞茎基部发出，直立，与叶同时或不同时出现。花序具 1 ～ 2 花。花苞片常有色彩，较大，宿存。花大，

独蒜兰

一般较艳丽。萼片离生，相似。花瓣一般与萼片等长，常略狭于萼片。唇瓣明显大于萼片，不裂或不明显 3 裂，基部常多少收狭，有时贴生于蕊柱基部而呈囊状，上部边缘啮蚀状或撕裂状，上面具 2 至数条纵褶片或沿脉具流苏状毛。蕊柱细长，稍向前弯曲，两侧具狭翅，翅在顶端扩大。花粉团 4 个，蜡质，每两个成一对，每对常有一个花粉团较大，倒卵形或其他形状。蒴果纺锤状，具 3 条纵棱，成熟时沿纵棱开裂。花形独特、花色艳丽，直立花序高 15 ～ 25 厘米。

独蒜兰适合作为小型盆栽花卉，已有少数品种成为商品兰花。还可进行露地栽培，在园林景观配置中建造丰富多彩的应用形式。独蒜兰是

生药山慈菇的基原植物,为传统名贵中药,其假鳞茎具有清热化痰、解毒、消痈散结的作用,可用于治疗肝硬化、黄疸,尤其是对降低γ-球蛋白、升高白蛋白的效果更为显著。独蒜兰药用有效成分秋水仙碱及衍生物秋水仙酰胺,对多种动物移植性肿瘤均有抑制作用,可用于乳腺癌、食道癌等抗癌治疗。

寒　兰

寒兰是兰科兰属植物。

寒兰产于中国安徽、浙江、江西、福建、台湾、湖南、广东、海南、广西、四川、贵州和云南等地。生于林下、溪谷旁或稍荫蔽、湿润、多石的土壤上,海拔400～2400米处。株型修长健美,叶姿优雅俊秀,花色艳丽多变,香味清醇久远,因凌霜冒寒吐芳,有"寒兰"之名,为国兰之一。

寒兰为地生植物,假鳞茎狭卵球形,长2～4厘米,宽1.0～1.5厘米,包藏于叶基之内。叶3～5(～7)枚,带形,薄革质,暗绿色,略有光泽,长40～70厘米,宽9～17毫米,前部边缘常有细齿,关节位于距基部4～5厘米处。花葶发自假鳞茎基部,长25～60(～80)厘米,直立。总状花序疏生5～12朵花。花苞片狭披针形,最下面1枚长可达4厘米,中部与上部的长1.5～2.6厘米,一般与花梗和子房近等长。花梗和子房长2.0～2.5(～3)厘米。花常为淡黄绿色而具淡黄色唇瓣,也有其他色泽,常有浓烈香气。萼片近线形或线状狭披针形,长3～5(～6)厘米,宽3.5～5.0(～7)毫米,先端渐

寒兰

尖。花瓣常为狭卵形或卵状披针形，长 2～3 厘米，宽 5～10 毫米。唇瓣近卵形，不明显的 3 裂，长 2～3 厘米。侧裂片直立，多少围抱蕊柱，有乳突状短柔毛。中裂片较大，外弯，上面亦有类似的乳突状短柔毛，边缘稍有缺刻。唇盘上 2 条纵褶片从基部延伸至中裂片基部，上部向内倾斜并靠合，形成短管。蕊柱长 1.0～1.7 厘米，稍向前弯曲，两侧有狭翅。花粉团 4 个，成 2 对，宽卵形。蒴果狭椭圆形，长约 4.5 厘米，宽约 1.8 厘米。花期 8～12 月。

中国寒兰通常以花被颜色来划分变型，主要有青寒兰、青紫寒兰、紫寒兰和红寒兰 4 种，其中以青寒兰和红寒兰为珍贵。中国寒兰鉴赏标准主要有三大流派：第一派沿用日本鉴赏标准，以姿、色为重，瓣形、幽香反而其次，鉴赏品评以花色、花形、花舌、花间、轮数为赏评点。花色：注重鲜艳，镶色要对比分明；花形：须单花绽放舒展；花舌：以圆大、色苔素净或落点鲜艳、舌正不歪为上；花间：要求排列疏朗，节距适中、对等，花出叶端。该派以江浙兰友居多。第二派放宽了瓣型标准，向梅瓣、荷瓣、水仙瓣上靠近，甚至提出寒兰不看外三瓣，只注重中宫。该派以江西、广西、四川、云南、贵州兰友居多。第三派倡导寒兰形意美，以寒兰飘逸、空灵的俊秀美，以及瘦硬、挺拔的风骨为赏点。该派以福建兰友为主。

蝴蝶兰

蝴蝶兰是兰科蝴蝶兰属附生性兰花。

蝴蝶兰原产于亚热带雨林地区。该属 60 余种，其分布范围由北从印度和中国西南地区向南延伸到整个热带的亚洲、澳大利亚、巴布亚新几内亚和太平洋一些岛屿，分布中心在东南亚各国，中国分布 14 种。英国皇家园艺学会（Royal Horticultural Society; RHS）国际登录的蝴蝶兰杂交种数达 3 万多个。市场上流通商品品种有上千个，每年都有新品种推出，包括属内品种和异属杂交品种，有白、红、黄色系及斑点花系和条纹花系，均为经多年数代杂交培育的优良品系。

蝴蝶兰茎很短，常被叶鞘所包。叶片稍肉质，常 3 ～ 4 枚或更多。花序轴 1 个或更多，常具数朵由基部向顶端逐朵开放的花。

蝴蝶兰性喜高温、多湿、散射光、通风良好的环境，忌闷热和强光的环境。原生种多数春季开花，少数夏、秋开花，商业品种通过花期调控可常年开花。但由于蝴蝶兰属单轴型兰花，一年之中只有一个生长点，所以难以通过分株来繁殖，在自然条件下实施播种繁殖也很困难。20 世纪 80 年代以来，蝴蝶兰可通过组织培养等生物技术进行大量繁殖，使得蝴蝶兰工厂化生产成为可能，短期内可培育大量性状一致的品种供应市场。

蝴蝶兰花形奇特、色彩艳丽，花

蝴蝶兰

期长，是高档盆花和切花，在年宵花市场上占据主导地位。主要作为切花和盆花销售，在兰花商品市场上占有相当大的比例。

虎头兰

虎头兰是兰科兰属附生草本植物。

虎头兰产于中国广西西南部、四川西南部、贵州西南部、云南和西藏东南部（察隅）。生于林中树上或溪谷旁岩石上，海拔 1100 ～ 2700 米处。尼泊尔、不丹、印度也有分布。

虎头兰假鳞茎狭椭圆形至狭卵形，长 3 ～ 8 厘米，宽 1.5 ～ 3 厘米，大部分包藏于叶基之内。叶 4 ～ 6（～ 8）枚，长 35 ～ 60（～ 80）厘米，宽 1.4 ～ 2.3 厘米，带形，先端急尖，关节位于距基部（4 ～）6 ～ 10 厘米处。花葶从假鳞茎下部穿鞘而出，外弯或近直立，长 45 ～ 60（～ 70）厘米。总状花序具 7 ～ 14 朵花。花苞片卵状三角形，长 3 ～ 4 毫米。

虎头兰

花梗和子房长 3 ～ 5 厘米。花大，直径达 11 ～ 12 厘米，有香气。萼片与花瓣苹果绿或黄绿色，基部有少数深红色斑点或偶有淡红褐色晕，唇瓣白色至奶油黄色，侧裂片与中裂片上有栗色斑点与斑纹，授粉后唇瓣变为紫红色。萼片近长圆形，长 5.0 ～ 5.5 厘米，宽 1.5 ～ 1.7 厘米。花瓣狭长圆状倒披针形，与萼片近等长，宽 1.0 ～ 1.3 厘米。唇瓣近椭圆形，长 4.5～5.0 厘米，3 裂，基部与蕊柱合生达 4.0～4.5 毫米。侧裂片直立，有小乳突或短毛，尤其接近顶端处，边缘有缘毛。中裂片外弯，亦具小乳突，有时散生有短毛，边缘啮蚀状并呈波状。唇盘上 2 条纵褶片从基部延伸至中裂片基部以上，沿褶片生有短毛。蕊柱长 3.3～4 厘米，向前弯曲，腹面近基部有乳突或少数短毛。花粉团 2 个，近三角形。蒴果狭椭圆形，长 9～11 厘米，宽约 4 厘米。花期 1～4 月。

虎头兰因花瓣硕大、花朵繁茂、花色鲜艳而闻名。全草可入药，功能主要为止咳化痰、散瘀消肿、止血，主治肺热咳嗽、肺结核、肺炎、气管炎、喘咳、骨折筋伤、风湿痹痛、疮疖肿毒。

蕙　兰

蕙兰是兰科兰属植物。

蕙兰产于中国陕西南部、甘肃南部、安徽、浙江、江西、福建、台湾、河南南部、湖北、湖南、广东、广西、四川、贵州、云南和西藏东部等地。生于海拔 700～3000 米湿润但排水良好的透光处。尼泊尔、印度北部也有分布。

◆ 形态特征

蕙兰为地生草本植物，假鳞茎不明显。叶 5～8 枚，带形，直立性强，长 25～80 厘米，宽（4～）7～12 毫米，基部常对折而呈 V 形，叶脉透亮，边缘常有粗锯齿。花葶从叶丛基部最外面的叶腋抽出，近直立或稍外弯，长 35～50（～80）厘米，被多枚长鞘。总状花序具 5～11 朵或更多的花。花苞片线状披针形，最下面的一枚长于子房，中上部

蕙兰

的长 1 ～ 2 厘米，约为花梗和子房长度的 1/2，至少超过 1/3。花梗和子房长 2 ～ 2.6 厘米。花常为浅黄绿色，唇瓣有紫红色斑，有香气。萼片近披针状长圆形或狭倒卵形，长 2.5 ～ 3.5 厘米，宽 6 ～ 8 毫米。花瓣与萼片相似，常略短而宽。唇瓣长圆状卵形，长 2.0 ～ 2.5 厘米，3 裂。侧裂片直立，具小乳突或细毛。中裂片较长，强烈外弯，有明显、发亮的乳突，边缘常皱波状。唇盘上两条纵褶片从基部上方延伸至中裂片基部，上端向内倾斜并会合，可形成短管。蕊柱长 1.2 ～ 1.6 厘米，稍向前弯曲，两侧有狭翅。花粉团 4 个，成 2 对，宽卵形。蒴果近狭椭圆形，长 5 ～ 5.5 厘米，宽约 2 厘米。花期 3 ～ 5 月。

◆ 品赏

蕙兰以植姿雄伟，花朵硕大而为人们所喜爱。蕙兰是中国栽培地较普及的兰花之一，古代常称之为"蕙"。北宋诗人、书法家黄庭坚在其《书幽芳亭》中说"盖兰似君子，蕙似士"，这句话开蕙兰品赏之门径。清初文学家、花卉家李渔《蕙兰》中有："其所以逊兰者，不在花与香而在叶……蕙之叶偏苦其长……病其太肥。"从总体来说，如栽培得好，蕙兰植株较春兰高大，花枝大且高，花朵也多，十分豪壮亮丽，香气四溢。

蕙兰传统名品"老八种"有大一品、程梅、上海梅、关顶、元字、染字、潘绿、荡字，传统名品"新八种"有楼梅、翠萼、极品、庆华梅、江南新极品、端梅、崔梅、荣梅。传统上通常按花茎和鞘的颜色分成赤壳、绿壳、赤绿壳、白绿壳等；按花形分成荷瓣、梅瓣、水仙瓣等；花上无其他颜色、色泽一致的称为素心。

惠兰的品赏自瓣形说出现之后，特别注重花朵的瓣形，以梅瓣、水仙瓣为贵，捧舌以圆紧质厚为好，外三瓣（萼片）以宽圆糯质为佳，其名品多为此类瓣形。惠兰的荷瓣很少，新近发现类荷瓣的也较受欢迎。惠兰蝶瓣、奇花类色彩斑斓、光辉夺目，尤以瓣舌多而色彩艳者受追崇。素心类也多受喜爱。惠兰多为黄绿色花，如出现红花、紫花、黑花、乳白花则非常受器重，以色艳者更佳。花瓣萼瓣质厚、糯、玉质化者也常为佳品。惠兰花枝粗大，花朵多，因而品赏时应注意整枝花中各花朵间的布局是否错落有致，香气是否醇美。叶艺秀丽者也为佳品，偶见叶艺、花艺、瓣型皆具者，则备受青睐。

◆ 用途

惠兰植株挺拔，花茎直立或下垂，花大色艳，主要用作盆栽观赏。适用于室内花架、阳台、窗台摆放，更显典雅豪华，有较高品位和韵味。如多株组合成大型盆栽，则适合宾馆、商厦、车站和候机厅布置，气派非凡，引人注目。

卡特兰

卡特兰是卡特兰类植物的总称，泛指卡特兰族各主要属及各近缘属间杂交的人工属。

卡特兰属有100多个原生种，但卡特兰属植物亲和力比较强，种间

卡特兰

杂交易，与兰科的近缘属杂交也较易成功，产生了大量杂交优良品种，通过杂交至少产生了约 61 个人工属。

卡特兰为兰科多年生附生草本植物，假鳞茎呈棍棒形或圆柱形，长 10 ～ 30 厘米。叶片长椭圆形，厚而呈革质，分为单叶和双叶，前者假鳞茎上只有 1 片叶子，叶和花较大；后者每个假鳞茎上有 2 片或 2 片以上叶子，叶和花较小。花朵的大小因品种而异，一般直径多在 5 ～ 20 厘米，花色非常丰富，有纯白、黄、橙红、深红、紫红、粉红、红褐、绿及各种过渡色、复色和变色，尤其是唇瓣色彩最为艳丽，单色或复色，极富变化。每株一年只开一次花，因品种不同花期也不一样，所以全年都有花开，单朵花的寿命很长，通常可开放 2 ～ 3 周。

卡特兰花朵硕大、花形优美、色彩绚丽，并具有特殊的芳香，是世界上栽培最早，深受人们喜爱的洋兰品种，有"洋兰之王"的美誉。卡特兰不仅是优良的室内盆栽花卉，而且是高档的胸饰花和切花材料。生长势十分强健，适应性较强，容易栽培，是世界上商品化程度最高的兰花之一，在世界范围内已形成规模巨大的卡特兰产业。

莲瓣兰

莲瓣兰是兰科兰属植物春兰的变种之一。

莲瓣兰产于中国台湾与云南西部。生于草坡或透光的林中或林缘海拔 800 ～ 2000 米处。"莲瓣"一词源于对兰花瓣形的描述，因为莲瓣兰的花朵像荷花，而云南人习惯将荷花称为莲花，莲瓣即荷瓣。

莲瓣兰叶片为细长的线形，叶片质地较软，稍革质化，弓形弯垂，长 30 ～ 65 厘米，宽 0.4 ～ 1.2 厘米。叶基部有稍膨大的假鳞茎可储存水分和养分，根为圆柱状肉质根，直径 0.5 ～ 1.0 厘米，长可达 20 ～ 40 厘米。花葶短，一葶有花 2 ～ 4（～ 5）朵。花径 4 ～ 6 厘米。花以白色为主，略带红色、黄色或绿色。萼片三角状披针形，花瓣短而宽、向内曲，有深浅不同的红色脉纹，唇瓣反卷、有红色斑点。花清香。花期 12 月至翌年 3 月。

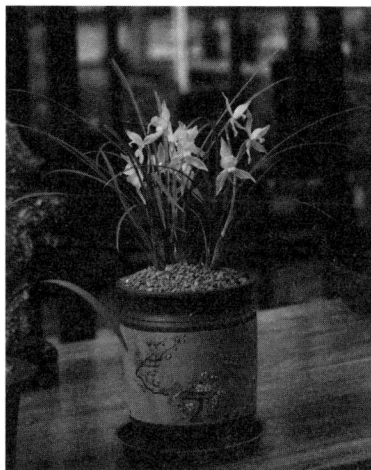

莲瓣兰

莲瓣兰于每年元旦至春节期间开花，具有花色丰富、株型优美、枝叶秀美、发芽率高、环境适应能力强、易开花等优良特性，深受中国人喜爱。

杓　兰

杓兰是兰科杓兰属种类的总称。

全属约 50 种，主要产于东亚、北美、欧洲等温带地区和亚热带山地，向南可达喜马拉雅地区和中美洲的危地马拉。中国有 36 种，其中 25 种为中国特有，主要分布于喜马拉雅山南麓、青藏高原东南部的横断山区；

以西藏、云南、四川等地最为丰富，且是世界杓兰属植物的分布中心。生于海拔 500 ～ 1000 米的林下、林缘、灌木丛中或林间草地上。

　　杓兰为地生草本植物，具短或长的横走根状茎和许多较粗厚的纤维根。茎直立，长或短，成簇生长或疏离，无毛或具毛，基部常有数枚鞘。叶 2 至数枚，互生、近对生或对生，有时近铺地。叶片通常椭圆形至卵形，较少心形或扇形，具折扇状脉、放射状脉或 3 ～ 5 条主脉，有时有黑紫色斑点。花序顶生，通常具单花或少数具 2 ～ 3 花，极罕具 5 ～ 7 花。花苞片通常叶状，明显小于叶，少有非叶状或不存在。花大，通常较美丽。中萼片直立或俯倾于唇瓣之上。2 枚侧萼片通常合生而成合萼片，仅先端分离，位于唇瓣下方，极罕完全离生。花瓣平展、下垂或围抱唇瓣，有时扭转。唇瓣为深囊状、球形、椭圆形或其他形状，一般有宽阔的囊口，囊口有内弯的侧裂片和前部边缘，囊内常有毛。蕊柱短，圆柱形，常下弯，具 2 枚侧生的能育雄蕊、1 枚位于上方的退化雄蕊和 1 个位于下方的柱头。花药 2 室，具很短的花丝。花粉粉质或带黏性，但不黏合成花粉团块。退化雄蕊通常扁平，椭圆形、卵形或其他形状，有柄或无柄，极罕舌状或线形。柱头肥厚，略有不明显的 3 裂，

杓兰

表面有乳突。果实为蒴果。

　　杓兰花朵外形奇特、色彩丰富而艳丽，叶片形状高雅，整个植株有

一种奇特的美感，具有极高的观赏价值。杓兰的唇瓣远远望去像一个开口向上的小口袋，当两朵花并列在一起的时候，又酷似一对拖鞋，因此被西方称为"女神的拖鞋"。这些囊状口袋用于诱骗昆虫为杓兰传粉，如西藏杓兰花朵紫褐色，近黑色，酷似熊蜂蜂王产卵所需的地洞或树洞，可诱骗熊蜂进入为其传粉。

西藏杓兰

石　斛

石斛是兰科石斛属植物的习称。

石斛属是兰科第一大属，全世界约有2000种，主要分布于亚洲热带、亚热带和大洋洲。中国原产有80余种，在中国主要分布于秦岭、淮河以南。石斛兰花姿优美，艳丽多彩，种类繁多，花期长，许多种类气味芬芳，受到各国人民的喜爱。

石斛在国际花卉市场上占有重要的地位，尤其是近代经杂交育种培育出来的切花和盆栽用优良品种，其观赏价值更高。石斛切花在兰花市场上

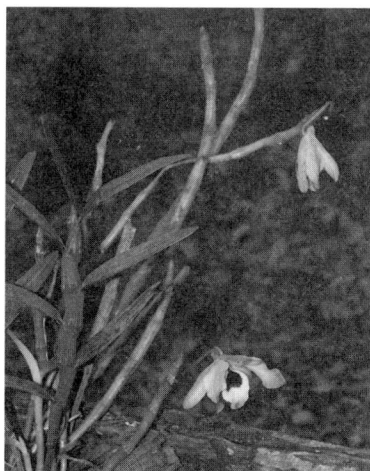

石斛

占有较大比例，并呈现上升趋势。石斛兰与卡特兰、蝴蝶兰、万代兰并列为观赏价值最高的四大观赏兰类。商品观赏石斛兰一般分为春石斛兰和秋石斛兰。作为药用的石斛（主要是铁皮石斛）是中国古文献中最早记载的兰科植物之一，中草药中的鲜石斛指该种植物的假鳞茎，作为滋阴养胃、清热生津的药物被广泛使用。

万代兰

万代兰是兰科万代兰属植物的统称。

万代兰原产于马来西亚、菲律宾、澳大利亚和美国佛罗里达州与夏威夷群岛。中国海南岛发现 2 个原生种，即纯色万代兰和密叶万代兰。截至 2019 年已发现 70 个原生种，人工选育的杂交种则有 1000 多个，是洋兰中的一个重要家族。新加坡的国花胡姬花就是万代兰的一种。

万代兰是典型的附生兰，植株差异大，小株高约 30 厘米，大植株可达 2 米以上。茎上具多数粗壮的气生根，根长可达 1 米以上。叶片在茎两侧排成两列，呈带状或圆柱状，革质，绿色。叶表面有较厚的角质层，具较强的抗旱性。总状花序从叶腋间抽出，有花 10～20 朵，每朵花能开 2～3 周，从下往上依次开放。万代兰花朵硕大，花姿奔放，花色丰富，有白、黄、粉、红、褐及兰花中极为稀有的蓝色

万代兰

花,并具有深色的方格形网状脉纹。花萼与花瓣相似,有时萼片稍大于花瓣。唇瓣较小,三裂,中裂片向前伸展,侧裂片直立,唇基部与蕊柱结合。大多数种白天散发出芳香气,多在秋、冬开花,也有少数种类夏末开花,花期 2 ～ 3 月。

万代兰喜温暖、空气流通及湿度高的环境,忌环境突然改变,忽冷忽热会引起落叶。同其他兰花相比,万代兰需要更充足的光照,否则不易开花。

万代兰常作盆栽、吊挂装饰、切花或其他花艺设计之用,为室内装饰的重要花材。盆栽的基质必须透水性强,多用木炭、砖块、树蕨块、椰子壳、浮石、树皮块等作为培养材料,少用水苔,不能用培养土、腐叶土。

文心兰

文心兰是兰科文心兰属植物的总称。又称吉祥兰、跳舞兰、舞女兰、金蝶兰、瘤瓣兰。

文心兰属植物全世界原生种多达 750 种以上,分布于美洲热带地区。英国皇家园艺学会国际登录的文心兰杂交种数达 8000 多个。

文心兰属复茎性气生兰类,具有卵形、纺锤形、圆形或扁圆形假球茎。假鳞茎是养分储存及供给器官,随营养生长而增大,随生殖发育而缩小。每年 2 月左右,植株新芽由原假鳞茎基部萌发,并逐渐形成新假球茎。解剖学观察发现,新生成的营养芽苞含 13 ～ 14 节,其中第一节以下形成假鳞茎。假鳞茎成熟后原基部腋芽分化成花茎,花茎 7 月后急

文心兰

速生长，于10月中旬开花。叶片1～3枚，可分为薄叶形、厚叶型和剑叶形。

文心兰喜湿润和半阴环境，除浇水增加基质湿度以外，给叶面和地面喷水更为重要，增加空气湿度对叶片和花茎的生长有利。冬季需充足阳光，一般不用遮阳网，充足的光照有益于植物开花。

文心兰花形独特，具有较高的观赏价值，颜色有纯黄、洋红、粉红，或具茶褐色花纹、斑点等。植株轻巧、潇洒，花茎轻盈下垂，花朵奇异可爱，形似飞翔的金蝶，极富动感，是世界重要的盆花和切花种类之一。

蓼　科

塔　黄

塔黄是蓼科大黄属多年生高大草本。

塔黄产于中国西藏喜马拉雅山麓及云南西北部。生于海拔4000～4800米的高山石滩及湿草地。喜马拉雅山南麓各国也有分布。

塔黄高可达1～2米。茎直立，粗壮，不分枝，具多数基生叶及大型苞片。基生叶卵圆形或近圆形，先端圆钝，基部浅心形，革质，上面无毛，下面具小突起。叶柄粗壮，长 8 ～ 15 厘米。托叶鞘膜质，红褐色。苞片卵圆形或圆形，膜质，淡黄色，具网状脉，反折，遮盖花序，花时脱落。花序圆锥状，分枝密集，无毛。花两性，花被片 6，成 2 轮，宿存，椭圆形，淡绿色，花丝细长，外露。花梗中下部具关节。雄蕊 9。花盘不发达，子房卵形，花柱 3，较短，柱头膨大成头状。瘦果连翅呈宽卵形。

塔黄以根入药，是中国藏药植物资源，有泻热、导滞、散瘀、消肿，以及治疗闭经、湿热、痢疾、便秘、食积的功效。塔黄的根系发达，长可达 2 米，具有很强的水土保持作用，是高海拔地区流石滩上有力的支撑。

马鞭草科

柳叶马鞭草

柳叶马鞭草是马鞭草科马鞭草属多年生植物。

◆ 分布

柳叶马鞭草原产于南美洲，引入中国的具体时间不详，但在中国栽培应用广泛。由于其强大的生存和繁殖能力，在许多国家已成为归化植物，有的国家甚至将其列为有害入侵物种。

◆ 形态与种类

柳叶马鞭草株高可达 1.8 米。茎直立，细而长，具多分枝，且茎为明显的四棱角，被细绒毛。叶十字对生，卵状披针形，先端锐尖，叶缘

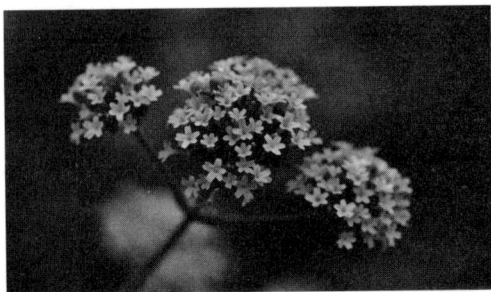

柳叶马鞭草花

有锯齿。花簇生为穗状花序，排列成聚伞状，花紫红色或淡紫色，5裂。花期5～9月。

同属常见栽培观赏植物还有：①马鞭草。株高30～120厘米。裂叶有齿，穗状花序，花5裂，为淡紫色。其产地的温带地区和热带地区都有分布。②美女樱。株高30～50厘米，全株被有绒毛，丛生匍匐状。叶对生，花色多样，花期6～10月。③细叶美女樱。匍匐亚灌木草本，株高20～40厘米。二回羽状叶，深裂，花色多样。

◆ **栽培与管理**

柳叶马鞭草对土壤要求不严，喜通风、阳光充足的环境，潮湿及排水良好的地方生长最好，耐寒耐旱。以扦插和种子繁殖为主。开花后，植株叶子和花梗枯败，在植物基部留些芽可让植株再生。利用植物枝茎部尤其是顶芽极易成活。自身种子易播种，无须预处理即可发芽。很少受害虫侵袭，易感染白粉病。管理粗放，花色艳丽，花期较长，且为蜜源植物。

◆ **用途**

柳叶马鞭草常作一年生栽培应用，适合大规模种植作为花海，以及作花坛、花境、切花及镶边植物。因生长迅速，也非常适合砾石和岩石花园。可与其他多年生开花植物和蝴蝶植物混种，沿边界小范围种植。

秋海棠科

球根秋海棠

球根秋海棠是秋海棠科秋海棠属栽培品种的一个类群。

◆ 栽培史

该类群第一批杂交种出现在 19 世纪 70 年代。在随后的 100 多年里，球根秋海棠受到荷兰、比利时、日本、美国等多个国家的重视，以美国加利福尼亚州和比利时的秋海棠种球生产最为有名。中国引种栽培球根秋海棠的时间不长，其中昆明地区栽培的球根秋海棠比较成功，已进入规模化生产。

◆ 形态与类型

球根秋海棠为多年生草本植物。具有地下茎，呈不规则扁球形。株高 30～45 厘米。茎直立，有分枝，肉质，被毛。叶互生，呈心形，叶先端剑尖，缘有锯齿和缘毛。总花梗腋生，

大花类球根秋海棠

聚伞花序，花为同株异花，雄花较大，具有单瓣、半重瓣和重瓣，花瓣边缘微卷。花色丰富，有白色、粉红、红色、橙色及复色等。花期在夏季。球根秋海棠品种繁多，可分为大花类、多花类、垂枝类三大类型。

◆ 栽培与管理

球根秋海棠喜半阴或散射光环境，过度暴露在阳光下会使叶片和

花朵焦枯。弱光下植株徒长，只长叶不开花。不耐寒，忌酷热，多喜欢温暖湿润的环境。适宜生长在土质疏松、肥沃、排水良好的微酸性土壤。以播种繁殖为主。通常秋播，种子采收后有 1 个月的后熟期。种子极细，需要与干净细沙拌和均匀后播种，第二年夏天开花。分球繁殖可在早春 2 ～ 3 月球茎发芽前进行，当年 5 ～ 6 月开花。为满足年宵花需求，可对盆栽球根秋海棠进行促成栽培，当基部两片叶子生长至展平后定植在更大的盆中，栽培过程要保证具有一定的昼夜温差和补光 3 ～ 5 小时。经促成栽培后，冬季可在室内开花。病害主要有茎腐病和根腐病。

◆ 用途

球根秋海棠是秋海棠属享有盛名的观赏植物，花大色艳，花色丰富，花期较长，是世界著名的盆栽花卉。可用于大型盆栽，适合作花园、花境或室内盆花。

四季秋海棠

四季秋海棠是秋海棠科秋海棠属多年生常绿低矮草本植物。

四季秋海棠原产于南美洲，广布阿根廷、巴西、巴拉圭、乌拉圭等国家。常见于巴西热带低纬度高海拔地区的林下潮湿地。常作一年生栽培使用，为玫红四季海棠的变种。

◆ 形态特征

四季秋海棠根部纤维状。茎直立，高度 15 ～ 20 厘米，无毛，基部多分枝。叶互生，多生于基部，形成近对生的状态，有光泽，肉质淡绿色至淡红棕色，卵圆形至广卵圆形，基部微心形，叶缘具小锯齿，无毛。花白色、粉色或红色，数朵花聚生于总花梗上，呈伞状。雄花较大，具4个花被片。雌花稍小，具5个花被片。蒴果具3个翅。

◆ 栽培与管理

四季秋海棠不耐高温也不耐严寒，多数喜温暖凉爽的气候，喜具有散射光、潮湿凉爽的环境。适宜生长在微酸性的沙质土壤中。主要繁殖方式是扦插繁殖，一般在秋季和春季进行，主要从健壮母株选用带有2片叶子的侧枝作为插穗。也可采用播种繁殖，四季均可，以春秋两季播种最佳。其种子细小，需要把种子和干净的细沙混合后播种，以保证播种均匀且出苗率高。分株繁殖多用于家庭栽培多年的植株。栽培时要注意将温度控制在适宜温度15～22℃，保持空气湿度75%～80%，忌积水，浇水后要保湿通风。施肥应少量多次，选用盐碱含量低的肥料，一般可以每12天施一次有机肥；出花苞时，在有机肥施用基础上增施磷钾复合肥。病虫害较多，主要有软腐病、粉虱和蓟马等。

◆ 用途

四季秋海棠叶色亮绿，花朵四季开放，花色丰富，花朵单瓣至重瓣，是园林绿化、室内布置、花坛和栽植槽的理想植物材料。

十字花科

二月兰

二月兰是十字花科诸葛菜属二年生草花。又称诸葛菜、二月蓝。

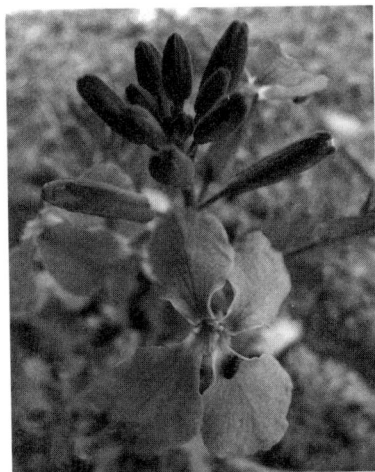

二月兰花

二月兰在中国辽宁、河北、山西、山东、河南、安徽、江苏、浙江、湖北、江西、陕西、甘肃、四川等地均有分布。

二月兰在第一年秋季播种或自播种，出苗只进行营养生长，经过冬季低温春化成花诱导，第二年春季4～5月开花。二型叶。花紫色，直径2～4厘米。花梗长5～10毫米。花萼筒紫色，萼片长约3毫米。长角果线形，长7～10厘米。

由于二月兰有自播繁殖特性，在园林中广泛应用。

紫罗兰

紫罗兰是十字花科紫罗兰属二年生或多年生草本植物。又称草桂花。紫罗兰原产于地中海沿岸。同属植物约60种。

紫罗兰茎直立，多分枝，高30～60厘米，全株具灰色星状柔毛。叶互生，长圆形至倒披针形，基部呈叶翼状，先端钝圆，全缘。总状花序，两侧萼片基垂囊状，花瓣4枚，具长爪，有紫红、淡红、淡黄、白色等，微香。长角果，种子具翅。可因栽培季节不同而有春、夏、秋、冬紫罗兰之分。

紫罗兰喜冷凉的气候，忌燥热。喜通风良好的环境，冬季喜温和气候，但也能耐短暂的-5℃低温。生长适温白天15～18℃，夜间10℃左右。

对土壤要求不严，但在排水良好、中性偏碱的土壤中生长较好，忌过酸性土壤。它适生于位置较高的地带，在梅雨天气炎热而通风不良时则易受病虫危害；施肥不宜过多，否则对开花不利；光

紫罗兰花

照和通风如果不充分，易患病虫害。播种繁殖，常见栽培的有夜香紫罗兰，花淡紫色，浓香，傍晚开放，次日闭合。

紫罗兰花朵茂盛，花色鲜艳，香气浓郁，花期长，为众多爱花者所喜爱，适宜作切花和盆栽观赏，也适宜布置花坛、台阶、花境。紫罗兰是欧洲名花。

石蒜科

百子莲

百子莲是石蒜科百子莲属多年生草本植物。百子莲原产于南非。中国各地多有栽培。

◆ 形态和种类

百子莲株高 25 ～ 70 厘米。具短缩根状茎。叶二列基生，长而呈带状，全缘，光滑无毛，革质，浓绿色。花葶自叶丛中抽出，高 40 ～ 80 厘米。伞形花序，一个花序有 20 ～ 50 朵小花。花被 6 片，联合呈钟状漏斗形，

浅蓝色至深蓝色，质地厚实。每片花瓣中心有一条深蓝色条纹，亦有纯白色品种。蒴果，含多数带翅种子。自然花期 7 ~ 9 月，果熟期 8 ~ 10 月。百子莲的园艺品种有 600 余个，主要由英国、新西兰、澳大利亚、法国、美国等国家培育而成。没有中间隔离，因此杂交育种是该类群主要的育种方法。

◆ 生长习性

百子莲喜温暖、湿润和阳光充足的环境。要求夏季凉爽、冬季温暖，5 ~ 10 月温度为 20 ~ 25℃。基质选用富含腐殖质的沙质壤土，在使用前最好先灭菌杀虫。性喜微潮土壤环境，但要避免浇水过多和积水。积水易引起根系腐烂。可施用骨粉和腐熟的鸡粪、羊粪等有机肥作基肥，平时薄肥勤施，花蕾形成前用多元素的水溶肥料"花多多 2 号"浇灌有助于催蕾。喜全光照，也耐半阴。对植株进行全日照能增加花量，但高温天气要注意遮阴，避免因暴晒导致叶片焦枯。不耐低温，越冬温度不宜低于 5℃，冬季低温时停止浇水。繁殖主要采用播种和分株法。播种时，种子用湿纸巾催芽后撒在育苗土里，半个月左右发芽，养护 3 年以上即可开花。分株繁殖最好选择春秋季，分株的苗若栽培得当，翌年即可开花。病虫害相对较少，偶有蚜虫和叶斑病，喷药防治即可。

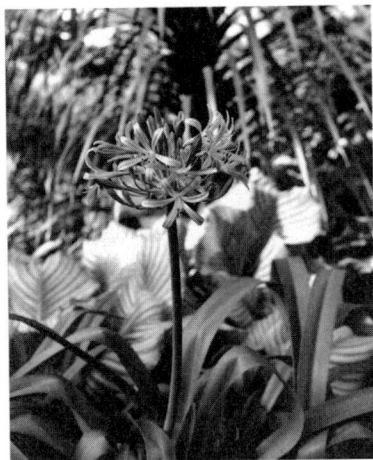

百子莲

◆ **用途**

百子莲花形秀丽，花枝亭亭玉立。适用于花坛、花境，可作为岩石园和花境的点缀植物、中景植物，也适于盆栽和作为切花在室内、庭院观赏。

君子兰

君子兰是石蒜科君子兰属常绿宿根植物。又称大花君子兰、剑叶石蒜。君子兰原产于南非南部。

君子兰根肉质纤维状，为乳白色，十分粗壮。根系粗大，很有肉质感。茎基部宿存叶基扩大互抱成假鳞茎状。叶片从根部短缩的茎上呈二列叠出，排列整齐，宽阔呈带形，顶端圆润，质地硬而厚实，并有光泽及脉纹。基生叶质厚，叶形似剑，叶片革质，深绿色。伞形花序顶生，花直立，有数枚覆瓦状排列的苞片，每个花序有小

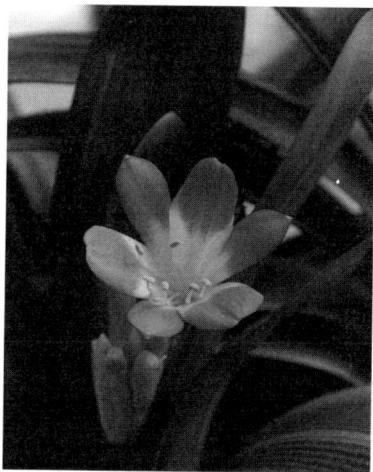
君子兰

花 7 ～ 30 朵，多的可达 40 朵以上。花被裂片 6，合生。盛花期 2 ～ 4 月。浆果球形，成熟时红色。

君子兰畏寒惧热，适宜温暖湿润的半阴环境，以空气相对湿度70% ～ 80%、土壤含水量 20% ～ 30% 为宜，切勿积水。不宜强光直射，夏季需在荫棚下栽培。喜疏松肥沃、排水良好、富含腐殖质的微酸性沙

壤土。须人工授粉方可结实，可用播种或分株法繁殖。

君子兰终年翠绿，叶、花、果均具观赏价值，可全年室内布置观赏，极适应室内散射光环境，是布置会场、厅堂和美化家庭环境的名贵花卉。

石　蒜

石蒜是石蒜科石蒜属多年生草本植物。又称红花石蒜、蟑螂花、老鸦蒜。石蒜原产于中国，分布于华中、西南、华南各地，日本也有分布。

◆ 形态特征

石蒜鳞茎椭圆状球形，皮膜褐色，直径2～4厘米。叶基生，线形，晚秋叶自鳞茎抽出，至春枯萎。入秋抽出花茎，高30～60厘米，顶生伞形花序，着花5～7朵，鲜红色具白色边缘。花被6裂，

石蒜的花

瓣片狭倒披针形，边缘皱缩，反卷，花被片基部合生呈短管状，长0.5～0.7厘米，花径6～7厘米。雌雄蕊长，伸出花冠并与花冠同色。有白花变种白花石蒜。

◆ 主要种类

石蒜属在全世界的分布有20余种，中国有15种，主要种类包括忽地笑、夏水仙、中国石蒜、玫瑰石蒜、换锦花、香石蒜和乳白石蒜等。

野生于山林及河岸坡地，喜温和阴湿环境，适应性强，具一定耐寒力，地下鳞茎可露地越冬，也耐高温多湿和强光干旱。不择土壤，但以土层深厚、排水良好并富含腐殖质的壤土或沙质壤土为好。石蒜属植物依据生长习性可分为两大类：一类为秋季出叶，如石蒜、忽地笑、玫瑰石蒜等，8～9月开花，花后秋末冬初叶片伸出，在严寒地区冬季保持绿色，直到高温夏季来临时叶片枯黄进入休眠；另一类为春季发叶，如中国石蒜、夏水仙、香石蒜、乳白石蒜、换锦花等，春季出叶后初夏枯黄休眠，夏末初秋开花，花后鳞茎露地越冬，表现为夏季、冬季两次休眠。

◆ 繁殖与栽培

石蒜以分球繁殖为主，也可播种。春、秋两季用鳞茎繁殖，挖起鳞茎分栽即可。最好在叶片枯后、花葶未抽出之前分球，亦可于秋末花后未抽叶前进行。栽植深度为8～10厘米，一般每隔3～4年掘起分栽一次。暖地多秋栽，寒地春栽，栽植深度以将鳞茎顶部埋入土面为宜，过深则翌年不能开花。石蒜虽喜阴湿，但也耐强光和干旱，因此栽培简单，管理粗放。注意勿供水过多，以免鳞茎腐烂。花后及时剪除残花，9月下旬花葶凋萎前叶片萌发并迅速生长，应追施薄肥一次。石蒜抗性强，几乎没有病虫害。

◆ 用途

石蒜是园林中不可多得的地被花卉，素有"中国的郁金香"之称，冬春叶色翠绿，夏秋红花怒放，可在城市绿地、林带下自然式片植、布置花境，或点缀草坪、庭院丛植，效果俱佳。石蒜对土壤要求不严，花叶共赏，花葶茁壮，且能反映季相变化，可作专类园，也可作切花，矮生种亦作盆花。

水　仙

水仙是石蒜科水仙属多年生草本秋植球根花卉。

水仙原产于北非、中欧和地中海沿岸，以地中海沿岸为分布中心。同属 30 余种。中国水仙是唐代从地中海区域传入中国，五代时期至宋代逐渐传开，明清以来广为栽培。由于花形独特、花香怡人等特点，漳州水仙和崇明水仙品牌驰名中外，还常将大球进行人工雕刻和编扎造型。公元前 800 年左右，在埃及已见用法国水仙做的花圈。

水仙

水仙地下具肥大鳞茎，多为卵圆形或球形，外被褐色膜质鳞片。根肉质，白色。叶基生，带状、线状或近圆柱状，多呈二列状互生。花单生或顶生伞形花序，黄色、白色或晕红色，侧向或下垂开放，花被 6，基部合成深浅不同的筒状；花冠呈高脚碟状或喇叭状，中央具杯状或喇叭状的副冠，为水仙属分类的依据。常见的栽培种除中国水仙外，还有喇叭水仙、丁香水仙、仙客来水仙、法国水仙、口红水仙等。

水仙喜温暖湿润阳光充足的环境，尤以冬无严寒、夏无酷暑、春秋多雨的环境最为适宜。多数种类较耐寒，在中国华北地区稍加保护可露地越冬。对土壤适应性较强，除重黏土及沙砾地之外均可生长。以分生繁殖为主，将母球（鳞茎）周围分生小球（小鳞茎，俗称脚芽）掰下作为种球，于秋季另行栽植。

水仙株型清秀，花形奇特，芳香，花期较长，适宜室内案头、窗台点缀；亦是很好的地被花卉，可成片散植林下、草坪或水畔，也可布置于早春花坛、花境。

网球花

网球花是石蒜科网球花属植物。又称网球石蒜。网球花原产于非洲热带地区。中国引种作为观赏花卉。

网球花为多年生草本植物。鳞茎球形，直径4～7厘米。叶3～4枚，长圆形，长15～30厘米，主脉两侧各有纵脉6～8条，横行细脉排列较密而偏斜。叶柄短，鞘状。花茎直立，实心，稍扁平，高30～90厘米，先叶抽出，淡绿色或有红斑。伞形花序具多花，排列稠密，直径7～15厘米。花红色。花被管圆筒状，长6～12毫米。花被裂片线形，长约为花被管的2倍。花丝红色，伸出花被之外，花药黄色。浆果鲜红色。花期夏季。

网球花花序

网球花花色艳丽，有血红、白和鲜红等色，花朵密集，四射如球，是常见的室内盆栽观赏花卉。南方室外丛植成片布置，花期景观别具一格。

石竹科

满天星

满天星是石竹科丝石竹属多年生草本植物。满天星原产于欧洲中部和东部、亚洲中部和西部。生于草原上干燥、沙质和石质石灰岩土质上。

满天星株高可达 1.2 米。茎细，分枝很多。叶对生，窄而长，无叶柄，叶色粉绿。圆锥状聚伞花序多分枝，花小而多，花梗纤细，花白色至淡粉红色。蒴果球形。种子细小，圆形，直径约 1 毫米。花期 6 ～ 8 月。单瓣、重瓣品种均有，常见品种有仙女、完美、钻石、火烈鸟等。喜日照充足、温暖湿润的环境，较耐阴、耐寒，在排水良好、肥沃和疏松的壤土中生长最好。栽培土质以微碱性的石灰质壤土为佳。灌水量不宜过多，适当干旱有利于开花。生长适宜温度为 10 ～ 25℃。花后及时修剪可促进开花。常用播种和扦插繁殖。

满天星花小而多，星星点点尤其适合作为花束的配材，在大花之间填空，增加层次感，提供有效的背景，也适宜在花坛、路缘、花篱栽植，还可用于盆栽观赏和盆景制作。可入药，具有清热利尿、化痰止咳等功效。

香石竹

香石竹是石竹科石竹属多年生常绿草本植物。又称康乃馨。

◆ **形态特征**

香石竹株高可达 70 厘米，全株无毛，茎直立丛生，叶片线状披针形，顶端长渐尖，基部稍成短鞘，中脉明显。花单生枝端、2～3 朵簇生或成聚伞花序，有香气；

香石竹花

花梗短于花萼；苞片宽卵形，花萼圆筒形，瓣片倒卵形，顶缘蒴果卵球形。花瓣不规则，边缘有齿，单瓣或重瓣，有红色、粉色、黄色、白色等颜色。

◆ **生长习性**

香石竹性喜光，喜冷凉气候，不喜夏季高温，喜疏松、潮湿、排水良好、富含有机质的土壤。不耐寒，喜肥。繁殖方式有播种、压条、扦插繁殖法，以扦插繁殖法为主。扦插时间除炎夏外均可进行，但在生产中多以 1～3 月为宜，尤以 1 月下旬至 2 月上旬扦插效果最好，成活率最高，生长健壮。

◆ **用途**

香石竹栽培品种丰富，促成栽培容易。有很多园艺品种，耐瓶插，因其花色丰富、花形多变而成为世界著名四大切花之一。人工栽培条件下，可周年开花。按用途又可分为花坛香石竹和切花香石竹。花坛香石竹可作为一二年生花卉使用，可用于花境布置或作盆花。

鼠李科

含羞草

含羞草是豆科含羞草亚科含羞草属多年生灌木状草本植物。含羞草原产于美洲热带地区，广泛栽培于世界各地。

◆ **形态特征**

含羞草植株高可达1米。茎圆柱形，多分枝，有刚毛和皮刺。二回羽状复叶，总叶柄长3～4厘米，由4枚羽片组成掌状复叶，小叶7～24枚，长圆形，先端尖，边缘有纤毛，羽片和小叶被触动

含羞草花

后闭合下垂，形似害羞，为有趣的观赏植物。头状花序腋生，花小，淡粉红色，花瓣4裂，钟状，雄蕊4且伸出花冠管外。萼漏斗状，小而不明显。荚果扁形3～5节，每节含1粒圆形种子。花期7～8月，果期8～9月。

◆ **生长习性**

含羞草适应性强，喜温暖气候，不耐寒。适宜在温暖湿润且肥沃的土壤中生长。多播种繁殖，早春播于苗床，幼苗生长缓慢，苗高7～8厘米时可定植于园地或上盆栽培。

◆ **用途**

含羞草在植物教学上常作为实验材料。全草可供药用，有安神镇静

的功能，鲜叶捣碎外敷治带状疱疹。

罂粟科

虞美人

虞美人是罂粟科罂粟属一二年生草本植物。常作一年生栽培。

◆ 分布

虞美人原产于欧洲和亚洲。同属植物约 100 种，主产于欧洲、亚洲、美洲温带地区。中国有 6 ~ 7 种。

◆ 形态特征

虞美人高 30 ~ 80 厘米。全株被柔毛，茎细长，分枝细弱，有乳汁。叶不整齐羽裂。花单生长梗上，未开时苞常下垂，花瓣 4，大形，有紫红、大红、朱砂红、白或具深色斑纹等花色。花期春夏，每朵花开一二天，每株花蕾众多，观赏期较长。蒴果成熟时孔裂。

◆ 生长习性

虞美人喜温暖、阳光充足和通风良好的环境，宜在疏松肥沃、排水良好的沙壤土生长，忌炎热、高湿。播种繁殖，种子细小，播种要求精细，种子发芽适宜温度为 20℃。

虞美人

◆ 用途

虞美人适宜在花坛、花境、篱边、路边条植或片植，亦可盆栽。花与果实可入药，种子含油量 40%，具香味。

荷包牡丹

荷包牡丹是罂粟科荷包牡丹属植物。又称荷包花、兔儿牡丹、铃儿草、鱼儿牡丹。

◆ 分布

荷包牡丹原产于中国、西伯利亚及日本。喜散射光充足的半阴环境，比较耐寒。生长于海拔 780～2800 米的湿润草地和山坡。

◆ 形态特征

荷包牡丹为多年生直立草本植物，高 30～60 厘米或更高。茎圆柱形，带紫红色。叶片轮廓三角形，长（15～）20～30（～40）厘米，宽（10～）14～17（～20）厘米，二回三出全裂，第一回裂片具长柄，中裂片的柄较侧裂片的长，第二回裂片近无柄，2 或 3 裂，小裂片通常全缘，表面绿色，背面具白粉，两面叶脉明显。叶柄长约 10 厘米。总状花序长约 15 厘米，有（5～）8～11（～15）朵花，于花序轴的一侧下垂。花梗长 1～1.5 厘米。苞片钻形或线状长圆形，宽约 1 毫米。花优美，长 2.5～3 厘米，宽约 2 厘米，基部心形。萼片披针形，长 3～4 毫米，玫瑰色，于花开前脱落。外花瓣紫红色至粉红色，稀白色。内花瓣长约 2.2 厘米。花瓣片略呈匙形，背部鸡冠状突起自先端延伸至瓣片基部，高 3 毫米，爪长圆形至倒卵形，长约 1.5 厘米，宽 2～5 毫米，白色。雄蕊束弧曲上升，花药长圆形。子房狭长圆形，长 1 ～ 1.2 厘米，粗 1 ～ 1.5 毫米。胚珠数枚，2 行排列于子房的下半部。花柱细，长 0.5 ～ 1.1 厘米，每边具 1 沟槽，柱头狭长方形，长约 1 毫米，宽约 0.5 毫米，顶端 2 裂，基部近箭形。果未见。花期 4 ～ 6 月。

荷包牡丹

◆ 用途

荷包牡丹叶丛美丽，花朵玲珑，形似荷包，色彩绚丽，是盆栽和切花的优良材料，也适宜布置花境和在树丛、草地边缘湿润处丛植，景观效果较好，亦可庭园栽培供观赏。全草入药，有镇痛、解痉、利尿、调经、散血、和血、除风、消疮毒等功效。

绿绒蒿

绿绒蒿是罂粟科绿绒蒿属一年生或多年生草本植物。

◆ 分布

绿绒蒿主要分布于中国，全世界有 49 种，中国占 40 种，分布于西藏、云南、四川、青海、甘肃、陕西等地，仅云南就分布有 17 种，其中丽江有 8 种。其余主要分布于亚洲中南部，西欧分布有 1 种。在中国多集中分布在云南西北海拔 3000 ～ 5000 米的高山草甸和灌丛中。

◆ 形态特征

绿绒蒿肉质主根肥大。茎分枝或不分枝，株高 0.3 ～ 1.0 米，有的品种可达 1.5 米。叶长椭圆形、阔卵形，或具长柄如汤匙形，或分裂为琴形等，叶面长有柔长绒毛，因而得名绿绒蒿。因种类不同，花形各异，花有单瓣及重瓣，花色有蓝、黄、紫、红等多种颜色。蒴果近球形、卵形或倒卵形。花期 6 ～ 8 月。

川西绿绒蒿

◆ 用途

绿绒蒿被誉为"高山牡丹"，是云南八大名花之一，全株披有绒毛或刚毛，具有很高的观赏价值和药用价值。

天南星科

安祖花

安祖花是天南星科花烛属植物。

◆ 分布

安祖花原产于哥斯达黎加、危地马拉。要求高温多湿的栽培环境。20 世纪 60 年代盛行于欧美各国，70 年代末传入中国。荷兰、以色列、美国夏威夷是安祖花的主要栽培中心。

◆ **形态特征**

安祖花高 30～50 厘米，直立。叶阔披针形，深绿色，革质。根略肉质，近无茎。叶自根茎颈抽出，单生，长圆状心形或卵圆形，纸质。单花顶生，佛焰苞蜡质，卵圆形，色彩丰富。肉穗花序扭曲呈螺旋状，花两性，花被具 4 裂片，

安祖花

雄蕊 4。果实为浆果。几乎全年开花。园艺品种很多，花色丰富。稍喜光，忌夏季强光。温度高时停止生长，适宜温度为 20～25℃。

◆ **用途**

安祖花花形独特，佛焰苞明艳华丽，花期长，叶形别致，观叶、观花俱佳，适于室内观赏栽培。

广东万年青

广东万年青是天南星科广东万年青属多年生常绿草本植物。又称开喉剑、冬不凋草、粗肋草、亮丝草、粤万年青。

◆ **分布**

广东万年青原产于印度、马来西亚，中国、菲律宾也有少量分布。在中国分布于广东佛山市南海区。生长于海拔 500～1700 米的地区，多生于密林中。

◆ 形态特征

广东万年青根茎粗短，节处有须根。叶基部丛生，宽倒披针形，质硬而有光泽。4～5月开花，穗状花序顶生，花小而密集，花色白而带绿。浆果球形，由绿转红，经冬不落。同属常见品种有银后亮丝草。

◆ 栽培与管理

广东万年青通常采用分株繁殖法，也可用播种繁殖法。喜温暖、湿润的环境，耐阴性强，忌阳光直射，不耐寒，冬季越冬温度不得低于12℃。生长温度为25～30℃，相对湿度在70%～90%。要求疏松肥沃、排水良好的微酸性土壤。

◆ 用途

除盆栽点缀厅室外，广东万年青也可剪叶作插花配叶或装饰室外环境。用广东万年青制作观叶盆景简单易行，并能突出自然美感。根据其极耐阴之特性，陈设居室观赏，能保持四季苍翠，经久不衰。全株入药，据《岭南采药录》载：取其叶和精肉同煲，可治热血、咳血、大肠结热、小儿脱肛等症。

海 芋

海芋是天南星科海芋属大型常绿草本植物。海芋原产于中国华南、西南及台湾地区，东南亚也有分布。

◆ **形态特征**

海芋高可达 5 米。具匍匐根茎，茎粗壮，粗达 30 厘米。叶互生；叶柄粗壮，长 60 ～ 90 厘米，下部粗大，抱茎。叶片阔卵形，长 30 ～ 90 厘米，宽 20 ～ 60 厘米，先端短尖，基部广心状箭头形，侧脉 9 ～ 12 对，粗而明显，绿色。花雌雄同株；花序柄粗壮，长 15 ～ 20 厘米；佛焰苞的管长 3 ～ 4 厘米，粉绿色，苞片舟状，长 10 ～ 14 厘米，宽 4 ～ 5 厘米，绿黄色，先端锐尖；肉穗花序短于佛焰苞。雌花序长 2 ～ 2.5 厘米，位于下部；中性花序长 2.5 ～ 3.5 厘米，位于雌花序之上；雄花序长 3 厘米，位于中性花序之上；附属器长约 3 厘米，有网状槽纹；子房 3 ～ 4 室。浆果红色。种子 1 ～ 2 颗。花期春季至秋季。

海芋

◆ **栽培与管理**

海芋采用分株、扦插和播种法繁殖。喜温暖、潮湿和半阴环境，生长适温为 20 ～ 25℃，越冬温度为 10 ～ 15℃，夏季盆栽须遮半阴。用一般园土加泥炭土、沙或草皮土和腐叶土栽培。

◆ 用途

海芋是大型观叶植物，宜用大盆或木桶栽培，适于布置大型厅堂或室内花园，也可栽于热带植物温室，十分壮观。根茎富含淀粉，可作工业上的代用品，但不能食用。海芋有毒，常被当作芋艿或香芋误食，若舐舐其叶片上渗出的汁液、食用植株其他部位（叶、茎等）或接触眼、口等敏感部位，会引起接触部位肿胀麻木，甚至出现中枢神经中毒症状。如不慎误食或中毒，须及时就医。

绿　萝

绿萝是天南星科麒麟叶属攀缘植物。又称黄金葛。绿萝原产于所罗门群岛，世界各地广泛栽培。

◆ 形态特征

绿萝有气生根，茎节间具有沟槽。叶革质，卵圆形至长圆形，基部近心形，先端短尖。幼叶长 6 ～ 10 厘米，宽 6 ～ 8 厘米，全缘；老叶长 20 ～ 60 厘米，宽 20 ～ 50 厘米，常羽状分裂，裂片多至 7 ～ 10 片，有光泽，具不规则的浅裂、色斑和条纹，故称黄金葛。另有同属植物星点绿萝、白金葛，中国也常见栽培。

绿萝

◆ 栽培与管理

绿萝常采用扦插繁殖。剪取 10 厘米长的枝蔓插于沙床或用水苔包扎，在 25℃左右温度下很快生根。生长期要设立支架，让茎叶攀缘而上，在散射光下茎节坚实，叶片厚，叶色美丽而有光泽。喜温暖湿润和半阳性环境，不耐寒，不耐干燥，怕强光暴晒，生长适温为 15～25℃，冬季温度不低于 10℃。以疏松肥沃的腐叶土或泥炭土为宜。

◆ 用途

绿萝常采用柱式或壁挂式栽培，用于宾馆、商厦、饭店的室内花园和大型温室花展的布置。陈设于客厅、书房、几架、卧室、屋角等处，清新悦目。还广泛用作切花陪衬材料。

马蹄莲

马蹄莲是天南星科马蹄莲属多年生草本植物。马蹄莲原产于非洲南部河流旁和沼泽地。

◆ 形态特征

马蹄莲具肥大的肉质块茎。叶基生，叶片戟形或箭形，基部钝三角状，先端锐尖，叶长 15～45 厘米，叶面鲜绿色，有光泽，全缘。叶柄长，可达 50～65 厘米，下部有鞘。总花梗与叶近等长，肉穗花序顶生，白色佛焰苞长 10～25 厘米，下部卷成短筒状，上部开张，先端长尖，反卷，状如马蹄，故名。中国北方花期从每年

马蹄莲

12月至翌年6月，盛花期2～4月。浆果。主要园艺品种为小马蹄莲，较低矮，多花。

◆ **生长习性**

马蹄莲性喜温暖湿润、冬季光照充足的环境。生长适温约20℃，不耐寒，也不耐干旱。喜富含腐殖质、疏松肥沃的土壤。以分球繁殖为主，亦可播种繁殖。

◆ **用途**

马蹄莲叶片青翠，外形奇特，花朵洁白硕大，是世界著名的切花花卉。用于插花和制作花篮、花束、花圈、桌饰等，也用于盆栽观赏。

仙人掌科

金 琥

金琥是仙人掌科金琥属植物。金琥原产于墨西哥中部沙漠地区。

金琥茎圆球形。单生或丛生，高1.3米，直径80厘米或更大；球顶密被黄色绵毛，21～37棱，显著；刺座很大，密生硬刺，刺金黄色，后变褐，辐射刺8～10个，长2厘米，中刺3～5个，稍弯曲，长5厘米。6～10月开花，花着生于顶部绵毛丛中，钟形，直径5厘米，长4～6厘米，黄色，花筒被尖鳞片。果被鳞片及绵毛，基部孔裂。种子黑色，光滑。

金琥喜含石灰质的沙质土。要求阳光充足，夏季宜半阴。冬季温度宜保持在8～10℃，并保持土壤稍干燥。在肥沃土壤中生长迅速。多采用播种方式繁殖，发芽容易；亦可嫁接或扦插。习性强健，栽培容易。

金琥

昙 花

昙花是仙人掌科昙花属植物。昙花原产于墨西哥及南美地区。

昙花为附生类型，多浆植物。主茎圆筒状，木质，分枝呈扁平叶状，长 15～40 厘米；边缘具波状圆齿。刺座生于圆齿缺刻处。幼枝有刺毛状的刺，老枝无刺。夏秋晚间开大型白色花，当夜即凋谢，花漏斗状，开放时有芳香，长 30 厘米以上，直径 12 厘米，花筒稍弯曲。果红色，有浅棱脊；成熟时开裂。种子黑色。

昙花性喜温暖、湿润及半阴的环境条件，盆栽要求含腐殖质较多的肥沃壤土。生长季节可充分浇水并喷水，以增加空气湿度。夏季忌阳光直射暴

昙花

晒，应放在室内见光且通风良好处或室外树荫、屋檐下。可在生长季节剪取健壮的变态茎扦插繁殖，极易生根。

昙花是一种优良的盆栽观花植物。

仙人掌

仙人掌是仙人掌科缩刺仙人掌的变种。

仙人掌原产于墨西哥东海岸、美国南部及东南部沿海地区、西印度群岛、百慕大群岛和南美洲北部。中国于明末引种，在广东、广西南部和海南沿海地区逸为野生。北方作温室栽培或阳台栽培。

仙人掌为丛生肉质灌木。高 1.5 ～ 3 米。上部分枝宽倒卵形、倒卵状椭圆形或近圆形，绿色至蓝绿色，无毛；刺黄色，有淡褐色横纹，坚硬；倒刺直立。叶钻形，绿色，早落。花辐状，直径 5 ～ 6.5 厘米；花托倒卵形，长 3.3 ～ 3.5 厘米，基部渐狭，绿色；萼状花被黄色，具绿色中肋；花丝淡黄色，花药黄色，花柱淡黄色，柱头黄白色。浆果倒卵球形，顶端凹陷，表面平滑无毛，紫红色，倒刺刚毛和钻形刺。种子多数扁圆形，边缘稍不规则，无毛，淡黄褐色。花期 6 ～ 10 月，有的是 6 ～ 12 月。

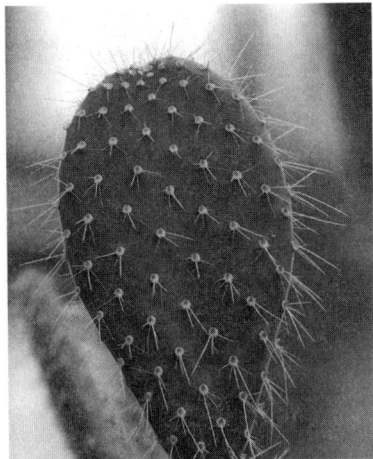

仙人掌性喜阳光、温暖、耐旱的环境，适合在中性、微碱性土壤生长，土壤 pH 为 7.0 ～ 7.5。多用分株法、

仙人掌

扦插法和嫁接法繁殖。

蟹爪兰

蟹爪兰是被子植物真双子叶植物石竹目仙人掌科仙人指属的一种。名出《中国高等植物图鉴》，因其茎枝形态得名。

蟹爪兰原产于巴西里约热内卢州。在夏威夷归化。1901年从日本引入中国台湾，现在中国各地温室常见栽培。

蟹爪兰为多年生肉质草本植物。茎多分枝，分枝开展并下垂，茎分枝绿色至淡绿色，卵形、椭圆形或长圆形，长2.5～5.5厘米，具1条两面突起的中肋，厚2～3毫米，先端截形，边缘具2～4对尖锯齿，齿长达6毫米。花生枝顶的小窠，两侧对称，长5～8（～10）厘米，直径5（～10）厘米，花托绿色，陀螺状，稍具棱；外轮花被片生于花托边缘，宽披针形，微红至粉红色，全缘，先端急尖；内轮花被片生于花托筒顶端，淡红至淡紫色，卵形至卵状披针形，

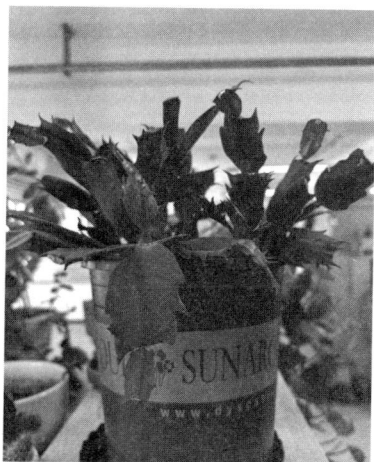

蟹爪兰

长2～3厘米，全缘，先端急尖，反曲或扭曲，檐部明显偏斜；花丝白色，长约3厘米，花药狭长圆形，黄色，长1.25毫米；花柱红色，柱头裂片5，条形，靠合，长约4.5毫米。果狭倒卵球形，长1.5～2厘米，直径7.5～9毫米，紫红色。种子宽长圆形，深褐色至黑褐色，具光泽。

花期 11 月至次年 1 月。

蟹爪兰通常用量天尺作砧木嫁接，供观赏。

玄参科

金鱼草

金鱼草是玄参科金鱼草属多年生草本植物。常作一二年生花卉栽培。

◆ 分布

金鱼草原产于地中海沿岸的南欧及北非，中国栽培广泛。同属观赏植物有 42 种，栽培品种较多，有二倍体和四倍体品种。

◆ 形态特征

金鱼草株高 20 ～ 100 厘米，温室促成栽培的切花品种株高可达 120 ～ 150 厘米，茎基部木质化，上部有腺毛。叶披针形或矩圆状披针形，全缘，光滑，下部对生，上部互生。总状花序顶生，长达 25 厘米以上。花冠筒状唇形，外披绒毛，基部膨大成囊状，上唇直立、有 2 浅裂，下唇伸展、有 3 浅裂；或花冠筒状。花色有白、淡红、深红、紫、深黄、浅黄、橙黄及复色等色。花期 5 ～ 9 月，蒴果偏卵形，种子

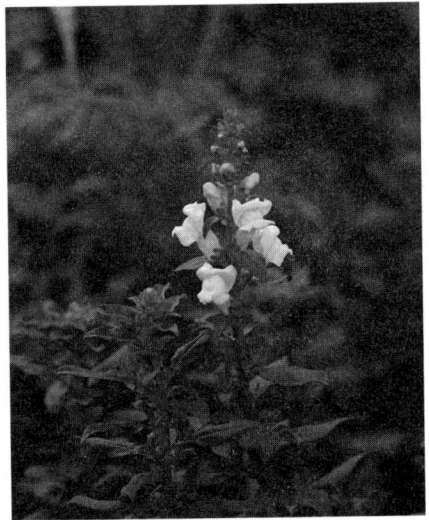
金鱼草

小，千粒重 0.12 克。

◆ **生长习性**

金鱼草较耐寒，不耐热，喜光，能耐半阴；对水分比较敏感，喜肥沃、疏松和排水良好的微酸性沙质壤土，要求 pH 为 5.5 ～ 7.0。生长适温每年 9 月至翌年 3 月为 7 ～ 10℃，3 ～ 9 月为 13 ～ 16℃，幼苗在 5℃条件下通过春化阶段。高温对金鱼草生长发育不利，有些品种温度超过 15℃不出现分枝，影响植株形态。生育适温为 15 ～ 20℃，夜温不低于 5℃。播种繁殖，播种后不覆盖，将种子轻压一下即可，发芽适温为 21℃，约 7 天可发芽。有些矮生品种播种后 60 ～ 70 天可开花。种子能自播繁衍，易自然杂交，也可扦插繁殖。

◆ **用途**

金鱼草花形奇特，花色浓艳丰富，花期长。矮型品种可盆栽观赏和作花坛镶边，高型品种可作庭院背景材料和切花，中型品种则兼备高、矮型品种的用途，是优良的花坛、花境和切花材料。全株可入药，具有清热解毒、凉血消肿之功效。

夏　堇

夏堇是玄参科蝴蝶草属一年生直立草本植物。又称蓝猪耳。

◆ **分布**

夏堇原产于越南。中国南方常见栽培，偶有逸生的发现。因外形酷似堇菜科的草花，而且又是在夏天开花，所以被称为夏堇。又因整朵花蓝紫色的斑块格外显眼，极似猪头上的双耳，故又称蓝猪耳。

◆ **形态与种类**

夏堇株高 15 ～ 30 厘米，宽幅 12 ～ 22 厘米。茎 4 窄棱无毛。单叶对生或近对生，（2 ～ 5）厘米 ×（1.5 ～ 2.5）厘米长卵形或卵形，无毛，边缘具带短尖的粗锯齿，叶脉明显微凹。花簇生枝顶，排列成总状花序。花冠唇形、喇叭形，上面 2 片花瓣完全融合，底部 3 个花瓣部分融合，底部中央花瓣形成一个带有黄色小斑块的"舌头"。花萼膨大，萼筒上有 5 条棱状翼。花色丰富，有蓝色、紫色、白色、粉红色、黄色等，带有黄色的斑纹。蒴果长椭圆形。种子细小，黄色。6 ～ 12 月开花结果。

常见的夏堇为紫色原种，亦有白色栽培变种。市场上生产和流行应用的有 3 个系列：①"小丑"系列。平均株高 15 ～ 20 厘米，花大，色彩活泼。②"浅吻"系列。共有 5 个花色，开花早，整齐一致。③"公爵夫人"系列。生长势强健，冠幅大，花量大。

◆ **栽培与管理**

夏堇不耐寒，性喜温暖湿润，喜阳光，不畏炎热，对土壤适应性较强，但以湿润且排水良好的中性或微碱性壤土为佳。栽培前需要施用有机肥作基肥，生长期施 2 ～ 3 次化肥或有机肥，以保持土壤的肥力。播种是夏堇最常用的种植方法，以春播为主。室内栽培时，全年都可以播种。发芽适温 20 ～ 30℃，播种后 10 ～ 15 天发芽。从播种到开花约需 12 周。种子粉末状，播种时要注意保湿。苗高 10 厘米时移植。常见病虫害有立枯病、枯萎病、叶斑病、丛枝病、白粉病、炭疽病、病毒病、蓟马、蜗牛、红蜘蛛、蚜虫、斑潜蝇、螟虫等。防治方法是加大株行距，控制浇水次数，加强排水，降低湿度，根据病情喷洒有针对性的药物。栽培管理粗放，是广受欢迎的观赏花卉。

◆ 用途

夏堇姿色柔美，花色多为冷色调，在酷热的盛夏给人带来些许凉意，适合花坛或盆栽，是理想的花坛、花境镶边材料。花期从夏季至秋季，尤其耐高温，很适合屋顶、阳台、花台栽培。

鸢尾科

扁竹兰

扁竹兰是鸢尾科鸢尾属多年生草本植物。又称扁竹根、扁竹。

◆ 分布

扁竹兰产于中国广西、四川、云南。生于林缘、疏林下、沟谷湿地或山坡草地。

◆ 形态特征

扁竹兰根状茎横走，直径4～7毫米，黄褐色，节明显，节间较长。须根多分枝，黄褐色或浅黄色。地上茎直立，高80～120厘米，扁圆柱形，节明显，节上常残留有老叶的叶鞘。叶10余枚，密集于茎顶，基部鞘状，互相嵌叠，排列成扇状。叶片宽剑形，

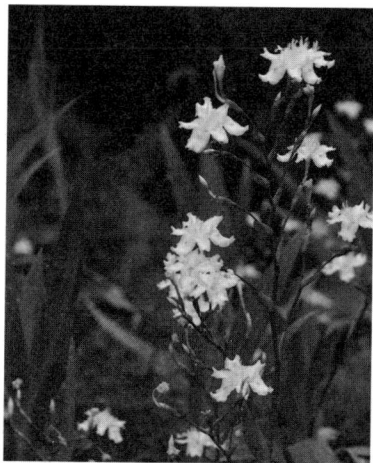

扁竹兰

长 28 ~ 80 厘米，宽 3 ~ 6 厘米，黄绿色，两面略带白粉，顶端渐尖，无明显的纵脉。花茎长 20 ~ 30 厘米，总状分枝，每个分枝处着生 4 ~ 6 枚膜质的苞片。苞片卵形，长约 1.5 厘米，钝头，其中包含有 3 ~ 5 朵花。花浅蓝色或白色，直径 5 ~ 5.5 厘米。花梗与苞片等长或略长。花被管长约 1.5 厘米。外花被裂片椭圆形，长约 3 厘米，宽约 2 厘米，顶端微凹，边缘波状皱褶，有疏牙齿，爪部楔形。内花被裂片倒宽披针形，长约 2.5 厘米，宽约 1 厘米，顶端微凹。雄蕊长约 1.5 厘米，花药黄白色。花柱分枝淡蓝色，长约 2 厘米，宽约 8 毫米，顶端裂片呈缝状。子房绿色，柱状纺锤形，长约 6 毫米。蒴果椭圆形，长 2.5 ~ 3.5 厘米，直径 1 ~ 1.4 厘米，表面有网状的脉纹及 6 条明显的肋。种子黑褐色，长 3 ~ 4 毫米，宽约 2.5 毫米，无附属物。花期 4 月，果期 5 ~ 7 月。

◆ 用途

扁竹兰可在园林中丛植作为花境，或在草地、林缘种植，或盆栽，也可点缀于路边或用作林下地被。根状茎可供药用，治疗急性扁桃腺炎及急性支气管炎。

唐菖蒲

唐菖蒲是鸢尾科唐菖蒲属多年生草本。又称菖兰、剑兰。

◆ 分布

唐菖蒲原产于南非好望角、非洲热带、地中海沿岸。该属约有 250 种，栽培品种由 10 个以上原生种经长期杂交选育而成。对现代唐菖蒲做出贡献的重要原生种包括绯红唐菖蒲、甘德唐菖蒲、多花唐菖蒲、柯氏唐菖蒲、报春花唐菖蒲等。

◆ 形态特征

唐菖蒲的地下部具球茎，球形至扁球形，外被膜质鳞片。株高
60 ～ 150 厘米，茎粗壮而直立，无分枝或稀有分枝。基生叶剑形，嵌
叠为二列状，通常 7 ～ 9 枚。穗状花序顶生，着花 8 ～ 20 朵，通常排
成二列，侧向一边。小花漏斗状，色彩丰富，花径 7 ～ 18 厘米，苞片
绿色。雄蕊 3 枚，花柱单生，子房下位。花期夏秋。蒴果，种子扁平，
有翼。

◆ 生长习性

唐菖蒲喜温暖，并具一定耐寒性。不耐高温，尤忌闷热，炎夏则花
蕾易枯萎或开花不盛,常使种球退化;在生长季气候凉爽地区,株高健壮,
花色鲜明，种球不易退化。以冬季温暖夏季凉爽的气候最为适宜，生长
临界低温为 3 ～ 5℃时球茎即可萌动生长。典型的阳性植物，对光强度、
光周期要求高，14 小时以上的长日照
有利于花芽分化。花芽分化后，短日
条件能促进花的发育，使其提前开放。
生长期要求水分充足，忌旱，忌涝。
以土层深厚、土质疏松、排水通畅、
富含有机质、pH 为 5.6 ～ 6.8 的微酸
性沙质壤土最为适宜。对空气中二氧
化硫有较强抗性，但对氟化物敏感，
微量即可致害。

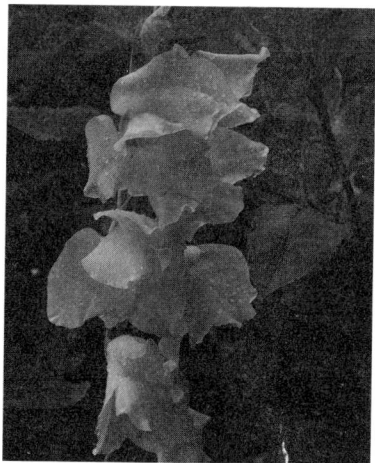

唐菖蒲花

◆ 用途

唐菖蒲是世界著名切花之一，其品种繁多，花色艳丽丰富，花期长，广泛应用于花篮、花束和艺术插花。除切花外，还适于庭院栽植、布置花坛等。唐菖蒲对大气污染具较强抗性，是工矿绿化及城市美化的良好材料。

小苍兰

小苍兰是鸢尾科香雪兰属多年生球根花卉。又称香雪兰。小苍兰原产于非洲南部。

◆ 形态特征

小苍兰球茎狭卵形或卵圆形，有薄膜质包被，包被上有网纹及暗红色的斑点。叶剑形或条形，略弯曲，长 15～40 厘米，宽 0.5～1.4 厘米，黄绿色，中脉明显。花茎直立，上部有 2～3 个弯曲的分枝，下部有数枚叶。花无梗。每朵花基部有 2 枚膜质苞片，苞片宽卵形或卵圆形，顶端略凹或 2 尖头，长 0.6～1 厘米，宽约 8 毫米。花直立，淡黄色或黄绿色，有香味，直径 2～3 厘米。花被管喇叭形，长约 4 厘米，直径约 1 厘米，基部变细。花被裂片 6，2 轮排列，外轮花被裂片卵圆形或椭圆形，长 1.8～2 厘米，宽约 6 毫米；内轮花被较外轮花被裂片

小苍兰

略短而狭。雄蕊 3，着生于花被管上，长 2 ～ 2.5 厘米。花柱 1，柱头 6 裂，子房绿色，近球形，直径约 3 毫米。蒴果近卵圆形，室背开裂。花期 4 ～ 5 月，果期 6 ～ 9 月。

◆ 用途

中国南方各地多露天栽培小苍兰，北方各地多盆栽。小苍兰因花色丰富和香味浓郁而深受园艺爱好者的欢迎，栽培种类众多。可提取香精，其香精油是沐浴乳、身体乳的原料。

第3章

蔬菜

百合科

葱

葱是百合科葱属多年生宿根草本植物。以叶鞘和叶片供食用。葱在中国自古栽培，2000多年前的《尔雅》中已见记载。

◆ **形态和类型**

葱，叶片管状，中空，绿色，先端尖，叶鞘圆筒状，抱合成为假茎，色白，通称葱白。分生组织在叶鞘基部，葱叶收割后仍能继续生长。茎短缩为盘状，茎盘周围密生弦线状根。伞形花序球状，位于总苞中。花白色，每花结种子6粒，千粒重3～3.5克。

葱可分为普通大葱、分葱、楼葱和胡葱。①普通大葱。中国的主要栽培种为普通大葱，可按假茎的高度分为长白葱（梧桐葱）、中白葱（鸡腿葱）

葱

和短白葱（秤砣葱）3个类型。②分葱。叶色浓，葱白为纯白色，辣味淡，品质佳。③楼葱。又名龙爪葱。洁白而味甜，葱叶短小，品质欠佳。④胡葱。多在南方栽培，质柔味淡，以食葱叶为主。

◆ **栽培与管理**

普通大葱耐寒，-10℃可不受冻害，在中国东北部也可露地越冬。生长适温为20～25℃。根系弱，极少根毛。适宜肥沃的沙质壤土。采用种子繁殖。以收葱白为目的的，多在秋季或早春育苗，入夏开沟栽植，生长期间分次培土并结合追肥，以利葱白形成，冬初收获。以收绿葱为目的的，则从春到秋随时可以播种。分葱多在秋季分株繁殖，第二年早春收获。常见病害有紫斑病、霜霉病、软腐病和锈病，虫害有葱蛆和蓟马等。

◆ **用途**

葱含有挥发性硫化物，具特殊辛辣味，是重要的解腥、调味品。葱白甘甜脆嫩。葱叶和葱白含维生素C、胡萝卜素和磷较多。中医学认为葱有杀菌、通乳、利尿、发汗和安眠等药效。

蒜

蒜是百合科葱属一年生或二年生草本植物。又称蒜头、胡蒜、葫。以鳞茎（蒜头）、花茎（蒜薹）、幼株（蒜苗或青蒜）作为传统蔬菜和重要调味品。

蒜原产于亚洲西部或欧洲，世界各国均有分布。汉朝时从西域引入中国，南北普遍栽培，主产区分布在山东、江苏、四川、云南等地。

◆ 形态特征

蒜为浅根性作物，线状须根无主根；短缩茎周围长出须根，数量 50 ～ 100 条，长 30 ～ 50 厘米，主要根群分布在 5 ～ 25 厘米土层，横展范围 30 厘米。鳞茎（蒜头）球形至扁球形，由 6 ～ 10 个肉质、瓣状的小鳞茎（蒜瓣）紧密排列组成，外包灰白色或淡紫色的膜质鳞被。按照蒜头外皮的色泽，可分为紫皮蒜和白皮蒜。叶基生，叶鞘管状，叶身宽条形至条状披针形，扁平，顶端长渐尖，比花葶短，宽可达 2.5 厘米；叶鞘相互套合形成假茎，具有支撑和营养运输的功能。花茎直立，高约 60 厘米。伞形花序，花稠密常不结实，具苞片 1 ～ 3 枚，膜质；花被片 6，粉红色，椭圆状披针形；雄蕊 6，雌蕊 1。

◆ 生长习性

蒜属喜冷凉作物，尤其是发芽期和幼苗期适宜较低的温度。发芽始温为 3 ～ 5℃，发芽及幼苗期最适温度为 12 ～ 16℃。花芽、鳞芽分化期适宜温度为 15 ～ 20℃，抽薹期为 17 ～ 22℃，鳞茎膨大期为 20 ～ 25℃。大蒜是低温长日照作物，绿体春化类型，0 ～ 4℃的低温下 30 ～ 40 天通过春化，通过春化阶段后，需要长日照才能抽薹。长日照也是鳞茎膨大的必要条件，日照在 12 小时以下时难以形成鳞茎。随着花梗的伸长，花蕾迅速露出叶鞘，形成蒜薹，在蒜薹顶端花序丛间生长着许多小的气生鳞茎，一般每个总苞内有 10 ～ 30 个气生鳞茎，这些小蒜瓣又称"天蒜"，可用作播种材料。对土壤要求不严，但在富含有机质、疏松透气、保水排水性强的肥沃壤土上生长良好。

◆ **栽培与管理**

以采收青蒜为目的的，种植密度大，播种期要求不严，还可进行反季栽培。采收蒜薹、蒜头的，一般在秋季 8 月下旬到 10 月上旬播种，多数地区以 9 月上旬播种为宜。条播，行距 15 ～ 18 厘米，株距12 ～ 15 厘米，每亩种植 2.5 万～ 3 万株，覆土 3 厘米。大蒜的根系弱，吸收力差，而需肥又多，施肥宜多次、少量。花序的苞叶伸出叶鞘10 ～ 15 厘米时即可采收蒜薹，蒜薹采收后 20 ～ 30 天采收蒜头。

◆ **用途**

蒜的营养丰富，具有特殊的香辛气味，不仅是人们日常生活中的蔬菜和调味品，而且还具有较高的医疗保健功效。蒜苗可四季生产，分期采收，或在不见光的条件下生产蒜黄。整株可炒、煮、凉拌；蒜薹炒或凉拌；蒜头可生食或做成调味品。蒜瓣中不仅含有丰富的维生素、氨基酸、矿质元素等营养成分，还含有丰富的有机硫化物，其中最主要的活性成分、大蒜中含量最高的含硫氨基酸是蒜氨酸。蒜被切开或碾碎后，细胞内含有的蒜酶将蒜氨酸转化成大蒜辣素，进一步分解成大蒜素，是其特殊香辣风味的来源及医学功能的主要成分，具有良好的抗病原微生物、抗肿瘤、降血糖、降血脂、增强免疫力以及预防和治疗心血管疾病的功效。

韭 菜

韭菜是百合科葱属多年生宿根草本植物。又称韭、起阳草。以叶片、叶鞘供食用。

韭菜原产于中国，南北山区多有野生，是一种栽培历史悠久的古老蔬菜。在中国南北各地普遍栽培。

◆ 形态特征

韭菜根系为纤维状须根，播种当年着生在根茎茎盘基部，第二年起着生在根茎茎盘周围及其一侧。根茎呈葫芦状，长在土中，是贮藏养料的器官，其顶端的生长点在播种当年即可发生分蘖。以后随着分蘖的增加，根茎每年向地表不断伸长，新须根的着生部位也不断升高，而原有旧根则不断枯死，出现"跳根"现象，使根系得以年年更新。收割后可继续生长。叶扁平，带状，叶鞘为闭合状，形成假茎。七八月间抽薹，顶端着生伞形花序。花白色，种子黑色。

◆ 生长习性

韭菜适应环境的能力很强，能耐霜冻和低温。当气温降至 $-6 \sim -5℃$ 时，叶仍不凋萎，根和根茎甚至能耐 $-40℃$ 低温。生长最适温度为 $12 \sim 24℃$，温度过高反而会使纤维增加，食用品质变劣。但在温室栽培时，由于光照较弱，湿度较大，即使温度升至 $30℃$ 也不影响品质。韭菜的叶绿素形成对光照极为敏感：叶鞘在埋土条件下软化变白，称为"韭白"；在弱光覆盖条件下完全变黄，称为"韭黄"。

◆ 栽培与管理

韭菜可用种子或分株繁殖，以播种育苗移栽为主。耐肥，施足基肥有利增产。第二、三年后每年可进行多次收割，中国南方除夏季外几乎周年都可采收。除露地栽培外，还有闽韭、盖韭及在弱光条件下培养韭黄、韭白等软化产品的栽培方式。

◆ **用途**

韭菜一般以叶片、叶鞘供食，但也有专以花茎或肉质化的根供食用的品种。营养成分以胡萝卜素和钙、磷、铁等矿物质为主，纤维素含量也较丰富，是有利于肠胃消化功能的保健蔬菜。中国医药学认为韭菜可"安五脏、除胃中热"。种子供药用，性温、味辛甘，功能为温肾阳、强腰膝，主治腰膝酸痛、小便频数、遗尿、带下等症。

茄　科

辣　椒

辣椒是茄科辣椒属一年生草本。在热带可为多年生灌木。又称番椒。以果实供食用。

辣椒原产于南美洲的秘鲁，在墨西哥驯化为栽培种，15世纪传入欧洲，明代传入中国。清陈淏子《花镜》有"番椒……丛生白花，深秋结子，俨如秃笔头倒垂，初绿后朱红，悬经可观，其味最辣"的记载。世界各地都有种植。

◆ **形态和类型**

辣椒根系不发达。茎直立，高30～150厘米。单叶互生，卵圆形，叶面光滑。主茎抽生6～15片叶时着生一朵花，单生或簇生；花多为白色，自花传粉，但天然异交率可达10%左右。浆果，汁少。细长形果实多为2室，圆形及扁圆形果多为3～4室。种子多数着生在中轴胎座上，胎座不发达，且硬化，形成空腔。果面平滑或皱褶，具光泽。果实呈扁圆、圆柱、圆球、长角、圆锥或线形，大小差别显著。牛角椒和线椒的纵径达 30 厘米，大甜椒的横径达 15 厘米以上，而细米椒则小如稻谷。单生果一般下垂，少数向上；簇生果多向上，个别下垂。大型果一般单生，每株结果数少；小型果结果数多，有的品种一株可结 200 ～ 300 个。果实在成熟过程中有明显的色素变化。青熟果老熟时因叶绿素含量迅速下降、茄红素增加而由绿色转为红色果；以胡萝卜素为主要色素的果实老熟时则形成黄色果。作观赏用的"五彩椒"因同一株上同时生有转色期间不同颜色的果实而得名。辣椒的辛辣味来自果实组织中的辣椒素（$C_{18}H_{27}NO_3$），其含量在果实成熟过程中逐渐增加，至果实红熟时达最高。小型果的辣椒素含量一般高于大型果。辣味浓度以中国云南思茅、瑞丽等地的涮辣椒为较大，朝天椒、细米椒次之，牛角椒、线辣椒又次之，大甜椒辣味较淡。

常栽培的辣椒有 5 个种：一年生辣椒、灌木状辣椒、中国辣椒、下垂辣椒、柔毛辣椒。其中一年生辣椒的栽培面积最大，其有 5 个主要变种：灯笼椒、长椒、圆锥椒、簇生椒、樱桃椒。一般在高纬度及高海拔地区盛产灯笼椒；低纬度及低海拔地区盛产长椒、圆锥椒和簇生椒。中国的栽培品种以灯笼椒、长椒和圆锥椒较多，簇生椒较少，樱桃椒很少栽培。辣椒的消费在不断发生变化，中国北方以消费甜椒为主，变化不大；南方的辣椒消费量变化较大，以前以牛角椒和羊角椒为主，至 2017 年线椒的消费量大增，螺丝椒的消费量也在慢慢增加（螺丝椒之前主要在西北地区消费）；江苏和重庆以消费泡椒为主。市场上销量较大的有以下类型：甜椒、线椒、牛角椒、羊角椒、螺丝椒、泡椒、朝天椒和美人椒等。以鲜椒供食用的品种要求果大、肉厚；供制干椒用的品种要求果肉薄、色深红且具光泽，含油分多，辣味浓。

簇生辣椒果实

◆ **栽培与管理**

辣椒喜温作物，不耐霜冻。灯笼椒对高温的适应性较差，长椒、簇生椒则耐热力较强。生长适温为15～30℃，果实发育和转色需25℃以上，夜温以15～20℃为宜，温度过高易致植株衰老。日温低于15℃或高于35℃时易落花。温度适宜时不论日照长短，花芽都可分化。露地栽培时，一般于晚秋或冬季利用温床、冷床或塑料大棚育苗，晚霜期过后栽植，以提早结果，提高产量。植株开展度不大，叶片较小，适宜丛植和密植。对土壤的适应性较广，耐旱力和耐瘠力较强。干制用辣椒栽培在瘠薄丘陵地时辣味更浓，但适当施肥有利于高产。供鲜食用的灯笼椒及牛角椒则要求较多的肥料及水分。氮和磷对花的形成有良好作用，而钾则对促进果实膨大有益。利用温室、塑料大棚栽培，可促使早熟。

◆ **用途**

辣椒素有兴奋作用，能增进食欲，帮助消化。果实中含多种维生素，以维生素 C 含量最高，每 100 克鲜重含量可达 150 ～ 200 毫克，在蔬菜中居首位。红熟椒的维生素 C 含量高于青椒。鲜椒干制后，其中的维生素 C 被破坏，罐藏则能充分保存。甜椒果实中含糖和果胶物质较多，干物质较少。一般以未成熟的青椒及大中果型的红熟椒作鲜菜用，以味辣的小果型红熟干椒及辣椒粉作调料或医药用。用于干制的多为线椒和朝天椒。干辣椒及辣椒粉是中国重要的出口产品。

黎 科

菠 菜

菠菜是黎科菠菜属一年生或二年生草本植物。又称菠薐、赤根菜、波斯草、波斯菜、菠柃、鹦鹉菜、红根菜、飞龙菜。以叶片及嫩茎供食用。

菠菜原产于伊朗，2000 年前已有栽培。后传到北非，由摩尔人传到西欧的西班牙等国。菠菜种子在唐太宗时期作为贡品从尼泊尔传入中国。

◆ **形态和类型**

菠菜主根发达，肉质根红色，味甜可食。根群主要分布在 25 ～ 30 厘米的土壤表层。茎直立，中空，脆弱多汁，不分枝或有少数分枝。叶戟形至卵形，鲜绿色，柔嫩多汁，稍有光泽，

菠菜

全缘或有少数牙齿状裂片；叶簇生，抽薹前叶柄着生于短缩茎盘上，呈莲座状，深绿色。一般 4 ～ 5 月抽薹开花，单性花，雌雄异株，也有雌雄同株；雄花呈穗状或圆锥花序，雌花簇生于叶腋。胞果，每果含 1 粒种子，果壳坚硬、革质。

按果实外苞片的构造，菠菜可分为有刺种和无刺种两个类型。前者叶片呈戟形，果实（习称种子）外壳有刺，耐寒性较强，对长日照敏感，故抽薹较早；后者叶片肥厚近似卵圆形，果实外壳无刺，耐寒性一般较弱，对长日照不敏感，故抽薹稍迟。由有刺种与无刺种配制的一代杂种（F₁）具有抗寒、丰产、耐储藏等特性，为越冬栽培的主要品种。

◆ 栽培与管理

菠菜属耐寒性长日照植物。对土壤要求不严格，酸碱度以 pH 以 7 ～ 8 为宜。对氮肥需求较多，磷肥、钾肥次之。春秋两季均可播种，以秋播为主。生长期约 60 天。菠菜抗寒性很强。生长适宜温度为 15 ～ 20℃。在越冬期间，可忍耐 -10℃ 的低温。菠菜耐热性差，如温度超过 21℃，再遇干旱，则生长不良，叶片窄小，品质降低。菠菜对光照条件要求不严格，适宜冬季或早春大棚栽培。留种菠菜通常在秋季播种，次年 6 月采种。主要病害有霜霉病、病毒病、炭疽病，主要害虫有蚜虫、潜叶蝇等。

◆ 用途

菠菜茎叶柔软滑嫩、味美色鲜，含有丰富的维生素 C、胡萝卜素、蛋白质，以及铁、钙、磷等矿物质。除以鲜菜食用外，还可脱水制干和速冻。

菊　科

茼　蒿

茼蒿是菊科茼蒿属一年生或二年生草本植物。又称同蒿、蓬蒿、蒿菜、菊花菜、塘蒿、蒿子秆、蒿子、蓬花菜、桐花菜。以嫩茎、叶供食用。茼蒿原产于中国，南北各地都有栽培。

◆ **形态和类型**

茼蒿茎高可达 70 厘米，不分枝或自中上部分枝。叶长而肥厚，全缘或羽状深裂，裂片呈倒披针形，叶缘锯齿状或有深浅不等的缺刻。叶腋分生侧枝。春季抽薹开花，头状花序，黄白色或深黄色。

依叶的大小及缺刻深浅分为大叶茼蒿和小叶茼蒿。大叶茼蒿叶片大而肥厚，缺刻少而浅，呈匙形，绿色，有蜡粉；茎短，节密而粗，淡绿色，质地柔嫩，纤维少，品质好；较耐热，但耐寒性差，生长慢，成熟略晚；适宜南方地区栽培。小叶茼蒿叶狭小，缺刻多而深，绿色，叶肉较薄，香味浓；茎枝较细，生长快；抗寒性较强，但不太耐热，成熟较早；适宜北方地区栽培。

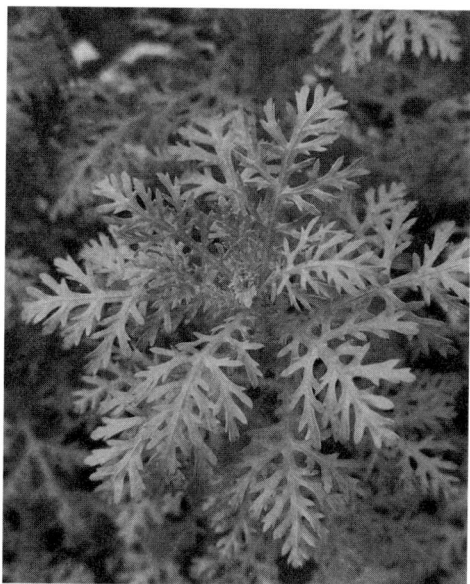

茼蒿

◆ **栽培与管理**

茼蒿性喜冷凉，不耐高温干旱，生长适温为 20℃左右，12℃以下生长缓慢，29℃以上生长不良。中国长江流域春、秋两季播种，秋播产量较高。华北地区则因主食嫩茎而多在早春播种，以促进抽薹。华南地区多在秋冬栽培。一般以露地直播为主，也可移栽。有的地区秋季干旱，用发芽和幼苗生长较快的萝卜或小白菜种子与茼蒿混播，可起遮阴作用。茼蒿出苗后，即拔除萝卜和小白菜秧。播种后 40 ～ 50 天即可收获。苗高 13 厘米左右开始间拔，采收一两次后，可留二叶进行摘梢采收，促其陆续发生新梢。主要病虫害有立枯病、叶斑病、菌核病、菜螟和蚜虫。

◆ **用途**

茼蒿营养丰富，富含维生素、胡萝卜素及多种氨基酸，具有养心安神、稳定情绪、降压护脑、防止记忆力减退、消肿利尿、清肺化痰、预防便秘、促进食欲、去除胆固醇等多种功效。其食用方法多样，如清炒、凉拌、茼蒿炒鸡蛋、茼蒿炖带鱼等。

十字花科

白 菜

白菜是十字花科芸薹属一二年生草本植物。以柔嫩的叶球、莲座叶或花茎供食用，是重要的蔬菜。

白菜原产于地中海沿岸和中国，除中国种植面积最大外，日本、朝鲜、韩国及东南亚国家种植较多，欧、美各国也有种植。包括结球和不结球两大类群。由芸薹演变而来。中国人常说的"白菜"指大白菜和普通白菜，分别属于芸薹的两个亚种。古名"菘"，最早见于4世纪初晋郭璞的《方言注》。

◆ **形态和类型**

白菜根为浅根系，主根粗大，侧根发达，水平分布。营养生长时期茎为短缩茎；生殖生长时期短缩茎顶端抽生花茎，分枝1～3次，花茎淡绿至绿色。除薹用和分蘖类型外，腋芽不发达。叶片有毛或无毛，形态变异丰富，着生于短缩茎或花茎上，叶色黄绿、灰绿、浅绿至深绿、紫红色等。总状花序，虫媒花，完全花；花萼、花瓣均为4枚，十字形排列；花冠黄白、淡黄至深黄色；4强雄蕊（共6枚雄蕊，其中2枚退化），雌蕊1枚。果实为长角果，成熟时易开裂。种子球形，微扁，有纵凹纹，红褐色至深褐色，少数黄色，无

白菜

胚乳，千粒重2.0～4.0克。常温下种子使用年限为2～3年。

结球白菜

结球白菜又称大白菜、黄芽菜。根据叶球抱合程度，主要分为4个变种：①散叶变种。叶片披张，不形成叶球。生产上已淘汰。②半结球变种。叶球松散，球顶开放，呈半结球状态。生产上也已淘汰。③花心变种。球叶以褶襉方式抱合成叶球，但叶球顶不闭合，叶片顶端向外翻

卷。④结球变种。是结球白菜进化的高级类型，球叶抱合形成坚实的叶球，球顶钝尖或圆，闭合或近于闭合。叶球一般有卵圆形、平头形、直筒形。

不结球白菜

不结球白菜的叶有明显的叶柄，无叶翅。不形成叶球。有 5 个变种：①普通白菜。又称小白菜或青菜，据叶柄颜色可分为青梗和白梗两种类型。②塌菜。分为塌地类型和半塌地类型。③菜薹。包括菜心和紫菜薹两个变种。④薹菜。分为圆叶薹菜和花叶薹菜。⑤分蘖白菜。又称多头菜。

◆ **生长习性**

白菜喜凉爽、湿润的气候条件,适宜在水分充足、肥沃的土壤中生长。完成世代交替需要低温通过春化阶段，萌动种子或绿体植株经过一定时期15℃以下的低温通过春化。在长日照及较高温度条件下抽薹、开花，但不同品种对温度和长日照的要求有差异。

◆ **栽培**

结球白菜生长适温为 12 ～ 22℃，高于25℃时生长不良，10℃以下生长缓慢，5℃以下生长停顿，在 -7 ～ -5℃的持续低温下受冻害。春、夏、秋季种植所需品种不同。品种类型丰富，从大棵型到小棵型均有。直播或育苗移栽均可。种植密度1500 ～ 3000 株 / 亩。一般早熟种比中、晚熟品种稍密。移栽适宜苗龄为 15 ～ 20 天。施肥时有机肥和无机肥配合使用。有机肥和磷肥主要作基肥施入，无机肥和速效有机肥作追肥。生长期追肥 3 ～ 4 次，重点施肥期在莲座末期至结球初期。生长期土壤水分以维持田间持水量的 80%～90% 为宜，收获前几天停止浇水，有利于提高耐贮性。

普通白菜生长适温为 15～20℃，较耐寒，-3～-2℃下能安全越冬。普通白菜对低温的感应性因品种而异，春、夏、秋季均有适宜种植的品种。塌菜一般能耐 -10～-8℃低温，但耐热性较弱。菜心对温度的适应范围广，在 10～30℃条件下生长良好；紫菜薹适于在 10～20℃下生长，要求较强的光照强度。薹菜耐寒性最强，生长适温为 10～20℃，在 25℃以上的高温及干燥条件下生长衰弱，易发生病害。白菜病害以病毒病、霜霉病和软腐病为害严重，此外还有根肿病、干烧心病、白斑病、黑斑病、黑腐病、炭疽病、菌核病等。主要害虫有蚜虫、菜青虫、小菜蛾、小地老虎等，南方还有黄条跳甲、菜螟等害虫。

◆ 用途

结球白菜以叶球为产品器官，产量高且适于长期贮藏，是中国北方冬季和早春的主要蔬菜之一。结球白菜中含有较多的维生素 C 和钙、磷，还含有少量的胡萝卜素、铁、粗纤维、脂肪、蛋白质等。品质柔嫩，宜于炒食、煮食及生食，并可做馅及加工成酸菜、腌菜等。

普通白菜以绿叶为产品器官，因类型和品种繁多、适应性广、生长期短、高产且省工易种而在蔬菜周年生产供应上具有重要地位。营养丰富，维生素 A、维生素 B、维生素 C，以及钙和铁的含量比结球白菜高，鲜食、腌渍皆宜。菜心以菜薹为食用器官，是华南的特产蔬菜，在广东、广西栽培历史悠久，品种资源丰富，一年四季均可栽培。乌塌菜以深绿色叶片为食用器官，主要分布在长江流域，以秋冬季栽培为主；叶片中叶绿素含量较高，较耐低温，遇霜雪后味道更美。薹菜以嫩叶、叶柄、嫩茎和肉质根为食用器官，主要分布在黄淮流域。

第 4 章

果树

蔷薇科

树 莓

树莓是蔷薇科用于园艺栽培的一大类悬钩子属植物的总称。又称可食悬钩子。

◆ 地理分布

树莓主要分布在北半球温带和寒带，少数分布在热带、亚热带和南半球。世界上有 30 多个国家栽培树莓，其中波兰、俄罗斯、塞尔维亚、美国、乌克兰、墨西哥、英国、加拿大、西班牙和德国是世界上树莓产量较高的国家。中国除吉林、辽宁、甘肃、青海、新疆、西藏外，其余省份均有分布。

在树莓栽培种群中，树莓种群和黑莓种群利用最广，其典型的栽培种有欧洲红树莓、黑树莓、黄树莓和美洲黑莓，其中欧洲红树莓的一个变种美国红树莓在美国栽培利用较广。

◆ **种质资源与分类**

从植物分类学上讲，悬钩子属植物有 700 多种，分属空心莓组、常绿莓、悬钩子组、木莓组、刺毛莓组、矮生莓组、匍匐莓组和单性莓组等 8 个组。通常所说的树莓并不是单一物种，而是涵盖了悬钩子属空心莓组、悬钩子组和木莓组等多个类群的植物。在园艺生产中，根据悬钩子植物的栽培习性，将其分为树莓种群、黑刺莓种群（又称黑莓）和露莓种群 3 个种群。树莓种群果实成熟时果实多与花托分离，为空心莓，而黑莓和露莓果实成熟时果实与花托连合为一体，为实心莓。其中，树莓种群又根据果实成熟时的颜色分为红树莓、黑树莓、黄树莓和紫树莓等类型。

树莓种群还根据结果习性分为夏季树莓和双季树莓两种类型。①夏季树莓。当年生枝不结果，仅进行营养生长；第二年转变为结果枝开花结果，结果后该结果枝枯死，由该年新生长的枝条进行更新。②双季树莓。当年生枝条前端部分即可形成花芽并在秋季开花结果，随着温度的降低停止生长，枝条的该节段枯死，而剩余节段可以存活并在次年恢复生长，夏季开花结果。生产上也根据不同种类树莓的这个特性进行修剪更新。

◆ **形态特征**

树莓是落叶稀常绿灌木、半灌木或多年生匍匐草本植物。茎或蔓上多覆有白色蜡质层，最明显的特征是密被木质化带钩的刺状腺毛，偶有刺毛退化为未木质化绒毛的无刺类型。叶互生或对生，掌状或羽状复叶，也有部分种类为单叶。花常见为聚伞状圆锥、总状或伞房花序，白色或红色，两性，自交可孕。果实由多个小核果聚生而成。成熟时，部分种类的果实与花托间形成离层而分离，从而形成"空心"的果实；也有部分种类的果实与花托不分离而形成实心的果实。

◆ **栽培与管理**

树莓具有喜光、抗旱、繁殖容易和浅根性等特点。一般选择微酸性或中性的沙壤土种植。生产中多采用自根苗带状穴植，春季或秋季定植均可。定植后第2年开始结果，第3～8年为盛果期，经济寿命长达15年。树莓可自花授粉结果，但通过昆虫和风进行异花授粉后能提高果实的产量和品质。果实发育期30天左右。

◆ **用途**

树莓果实营养成分丰富，除含有多种糖（总含糖量为2.4%～10.67%）、有机酸（0.62%～4.9%）和氨基酸外，还含有多种维生素、果胶质、超氧化物歧化酶（SOD）和钾、磷、铁、锌等矿物质，以及香豆酸、原花青素、花青素苷和黄酮醇化合物。既可鲜食，又可制酱、制汁和制酒，还可入药。据《本草纲目》记载，中药覆盆子（又称山莓）有止渴、生津、止血、镇痛、利尿、通便、清热、化痈、补肾等功效。

樱 桃

樱桃是蔷薇科李属植物。

在中国，樱桃主要栽培种有甜樱桃、中国樱桃、酸樱桃、毛樱桃、草原樱桃、欧李等。其中，甜樱桃栽培面积约 300 万亩，中国樱桃栽培面积约 50 万亩，其他种仅零星栽培。庭院、阳台也有栽培。

◆ 甜樱桃

甜樱桃又称大樱桃，乔木。果实 5 月初成熟，可溶性固形物含量一般在 15% 以上，可溶性糖中果糖比例高。适宜种植在年平均气温 9 ～ 15℃ 的地区。春季气温 10℃ 时萌芽，15℃ 开花，20℃ 果实成熟。休眠期 7.2℃ 条件下的需冷量为 800 ～ 1200 小时。冬季气温在 -20 ～ -18℃ 时发生冻害，-25℃ 时可造成树干冻裂，大枝死亡。晚秋地温在 -8℃ 以下、冬季地温在 -10℃ 以下、早春地温在 -7℃ 以下时，根系遭受冻害。栽培区集中在渤海湾及华北地区、陇海铁路线

樱桃的花

周边，以及西北地区、云贵川高海拔地区等。主要栽培品种有红灯、早大果、美早、先锋、砂蜜特、斯坦拉、拉宾斯、雷尼、艳阳、布鲁克斯、雷吉娜、桑提娜、晚红珠等。主要砧木品种有大青叶、吉塞拉、马哈利、山樱桃、兰丁系列等。

◆ 中国樱桃

中国樱桃又称小樱桃，小乔木。起源于中国长江流域，栽培历史可追溯到3000年前。中国四川、安徽、江苏、浙江、江西、山东、陕西、甘肃、河南、河北、北京等地均有栽培。核果近球形，直径 1 ～ 2 厘米，红色或黄色，果皮薄，肉软多汁，风味甜，不耐贮运。采用扦插、压条、分株或播种的方式繁殖。

桑　科

无花果

无花果是桑科无花果属多年生乔木、小乔木或灌木。别称阿驿、底称实、底珍树、阿驵、映日果、优昙钵、奶浆果、蜜果、树地瓜。属亚热带落叶果树。

无花果起源于伊朗、沙特阿拉伯、也门等国。无花果传入中国大约是在汉代，最早在新疆各地栽培。唐代段成式《酉阳杂俎》中记载为"底称实"，唐代《救荒木草》中首次提出"无花果"这一名称。19 世纪，从海路又传入一批无花果品种在青岛、烟台、上海等地种植。中国主要种植地区在新疆、江苏、上海、山东、浙江、福建、广东、湖北、四川、广西等地。

◆ 形态特征

无花果树冠开张,自然生长为圆头形或广圆形。1~2年生枝条褐色或灰白色,成熟枝条灰白色。根、茎、叶和果中都有乳汁管,受伤后流出白色浆液。叶片大,掌状开裂。叶柄长,叶面粗糙,深绿或浓绿色。花为雌雄异花,埋藏于隐头花序内。果实为聚合果,单果重一般为35~150克,夏果比秋果大,二年生单株可结50~200个果。

◆ 繁殖与栽培

无花果主要以扦插繁殖为主,也可采用压条和分株繁殖。早果,丰产,7~10月是无花果主要采收期。隐芽寿命长,经济寿命40~50年。无花果不耐涝,喜含钙量高的沙壤土。常用树形有丛状形、开心形、一字形、杯状形和X形。

◆ 用途

无花果是药食兼用的果品,含丰富的糖、蛋白质、微量元素、维生素A、维生素B_1、维生素B_2和18种氨基酸等,其中类黄酮、芸香苷、酮糖、醛酸和佛手柑内酯等有抑制癌细胞生长的作用。

无花果属在全世界共有600余种,中国有120个种,仅普通无花果具有经济栽培价值。中国还以天仙果、薜荔和树地瓜3个种生产清凉饮料。无花果除供鲜食外，还可加工成果干、果酒、果酱、果脯、饮料、罐头、果粉和果茶等产品。另外，一些高档化妆品也利用无花果浆液作原料。

桃金娘科

石 榴

石榴是桃金娘目千屈菜科石榴属小乔木或灌木果树。

石榴起源中心位于伊朗、阿富汗等中亚地区，向东传播到印度和中国，向西传播到地中海周边的国家及世界其他各适生地。一般认为，是张骞出使西域（前138～前125）时引入中国的。

◆ 形态特征

石榴在热带是常绿树，在其他地区为落叶树。小枝具4棱，先端常刺尖，有短枝。叶倒卵形、椭圆形或窄椭圆形，长2～9厘米，无毛；叶柄长0.2～1厘米。萼筒红色或黄白色；花瓣红色、粉色、白色、黄色及复色等，花瓣有单瓣和复瓣之分；子房具叠生子室，下部3～7室，为中轴胎座，上部5～7室，为侧膜胎座。浆果近球形，单果重100～700克，外种皮肉质多汁，内种皮木质。花期5～6月，果期9～10月。

石榴栽培品种多，依据用途分为花石榴和食用石榴，风味有甜、微甜、微酸、酸等，依果皮颜色分为黑皮、紫皮、红皮、青皮和白皮，依内种皮木质化程度分为硬籽、半软籽和软籽。

石榴果实

◆ **生长习性**

石榴在中国分布范围横跨热带、亚热带、温带3个气候带，年平均气温10.2～18.6℃，≥10℃年积温为4133～6532℃·日，年日照时数为1770～2665小时，年降水量55～1600毫米，无霜期151～365天。在土壤方面，适应热带、亚热带、温带的20余个土壤类型，pH为4.0～8.5。适应性与抗病虫害能力强，易管理，不耐严寒。

◆ **栽培与管理**

石榴的繁殖方法主要有扦插、实生、嫁接、压条、分株、组培等。石榴在中国栽培历史悠久，主要栽培区位于山东峄城、安徽淮北和怀远、陕西临潼和礼泉、河南荥阳和开封、云南蒙自和建水、四川会理、新疆和田和喀什及河北元氏等地。

◆ 用途

石榴果实可用于鲜食、制汁、酿酒、医药等，叶片可制茶，石榴根皮、树皮和果皮用作鞣皮、制革和印染等工业原料。其抗氧化能力居果品之首，被誉为"超级水果"。

本书编著者名单

编著者 （按姓氏笔画排列）

于晓南	马 凯	王 雁	王小蓉
王建华	申书兴	包满珠	巩振辉
吕 彤	吕英民	刘 勐	汤浩茹
安成福	李 铮	李世琦	李君坷
李振宇	肖建忠	吴之坤	吴沙沙
闵芮涵	张开春	张应华	张启翔
张昌伟	张敬丽	陈己任	陈龙清
陈发棣	苑兆和	罗 乐	房伟民
赵世伟	赵宏波	赵凯歌	赵惠恩
郝 瑞	侯喜林	洪加奇	贾瑞冬
夏宜平	黄咏贞	葛 红	傅小鹏
傅承新	雷建军	蔡邦平	